# 液态排渣旋风炉的
# 研究进展及应用

唐春丽　著

中国石化出版社

·北京·

## 内 容 提 要

旋风燃烧方式由于其独特的优点能更好地利用我国分布广泛的低灰熔点煤和高碱煤，发展旋风燃烧技术，积极开展旋风燃烧锅炉领域的研究对充分利用我国的煤炭资源，促进资源的可持续发展具有重大意义。本书详述了液态排渣旋风炉的发展历程、工作特点以及最新的研究进展，包括污染物氮氧化物生成特性、颗粒物排放特性及壁面渣膜的形成及演化规律，并介绍了旋风炉在煤化工、利用高碱煤及低灰熔点燃料方面的最新应用。

本书可供热能工程专业的学者及从事锅炉和煤气化化工设备设计、调试、运行及维护的工程技术人员借鉴和参考，也可作为高等院校相关专业本科生和研究生的参考资料。

## 图书在版编目（CIP）数据

液态排渣旋风炉的研究进展及应用/唐春丽著 . —北京：
中国石化出版社，2024.4
ISBN 978 - 7 - 5114 - 7504 - 6

Ⅰ.①液…　Ⅱ.①唐…　Ⅲ.①液态排渣锅炉
Ⅳ.①TK229.6

中国国家版本馆 CIP 数据核字（2024）第 083922 号

**中国石化出版社出版发行**

地址：北京市东城区安定门外大街 58 号
邮编：100011　电话：(010)57512500
发行部电话：(010)57512575
http://www.sinopec-press.com
E-mail：press@ sinopec.com
北京捷迅佳彩印刷有限公司印刷
全国各地新华书店经销

\*

710 毫米 × 1000 毫米 16 开本 10 印张 168 千字
2024 年 4 月第 1 版　2024 年 4 月第 1 次印刷
定价：58.00 元

# 前　言

　　旋风燃烧适用于我国分布广泛的煤种，如低灰熔点煤和高碱煤。发展旋风燃烧技术，积极开展旋风燃烧锅炉领域的研究，对充分利用我国煤炭资源、促进资源的可持续发展具有重大意义。传统的旋风燃烧方式氮氧化物排放量高，近年的研究表明，创造高温强还原气氛可以获得较低的氮氧化物生成。相比于不易创造高温强还原气氛的悬浮燃烧方式和流化床燃烧方式，旋风燃烧方式的燃烧和传热相对分离，能够在旋风筒内创造高温强还原气氛条件，有望获得较低的氮氧化物生成。旋风燃烧方式采用液态排渣，旋风筒壁面形成熔渣层，渣层的形成及演变会与旋风筒内的流动和燃烧相互影响。本书将对采用高温强还原氮氧化物减排技术的旋风燃烧锅炉进行系统研究，采用实验研究和数值模拟的方法探究燃烧特性及氮氧化物生成特性，并构建了旋风筒壁面渣层流动及传热数值模拟模型，对渣层行为进行数值研究工作。

　　本书共分为7章。第1章简要介绍了旋风燃烧锅炉的特点和应用背景，总结了旋风燃烧装置熔渣行为及氮氧化物生成特性的研究进展。第2章简要介绍了采用高温强还原低氮燃烧技术的旋风燃烧锅炉热力计算方法和结构设计。第3章介绍了100kW旋风自持燃烧实验系统，并对旋风燃烧锅炉燃烧特性和排渣特性进行实验研究。第4章采用数值模拟方法对旋风燃烧锅炉旋风筒和主炉膛内的流动特性和燃烧特性进行研究，并探究了粒径和一次风旋流叶片倾角对燃烧特性的影响。第5章构建了旋风筒内渣层行为的数值模拟模型，并对旋风筒内的渣层行为特性进行研究，探究了临界黏度温度、灰含量和助熔剂添加等燃料特性对渣层行为的影响，以及耐火材料对熔渣行为的影响。第 6 章利用旋风燃烧实验系统对旋风燃烧锅炉的污染物生成和排放特性进行研究。第 7 章总结了旋风燃烧锅炉在低灰熔点燃料和高碱煤方面的应用，并分析了旋风燃烧技术在深度调峰背景下的应用潜力。

本书获"西安石油大学优秀学术著作出版基金"资助，在此表示衷心感谢！

由于本书作者水平有限，书中难免出现疏漏之处，恳请专家、学者和读者批评指正。

# 目　　录

# 1 旋风燃烧锅炉的特点及应用背景

## 1.1 旋风燃烧锅炉发展简述及工作特点

燃煤发电仍是我国电力供应的最主要来源，也是保障我国电力安全稳定供应的"压舱石"。旋风燃烧是一种适用于我国大部分煤种（如低灰熔点煤和高碱煤）的燃烧方式，通过技术改进能获得较低的氮氧化物生成。因此，发展旋风燃烧技术，积极开展旋风燃烧锅炉领域的研究对充分利用我国煤炭资源、促进资源的可持续发展具有重大意义[1]。

锅炉燃烧方式可分为室燃燃烧方式、层燃燃烧方式、流化床燃烧方式和旋风燃烧方式，采用旋风燃烧方式的锅炉即为旋风燃烧锅炉（简称旋风炉）。旋风燃烧方式是在燃烧装置中人为组织一种可以控制的稳定的高速旋转气流。美国B&W公司（Babcock & Wilcox Company）于20世纪40年代率先针对不适合煤粉炉燃烧的低灰熔点煤提出了旋风燃烧方式，并将其应用于旋风燃烧锅炉。

旋风燃烧锅炉具有以下优点：一是由于气流在旋风筒内高速旋转，扰动强烈，传热、传质条件非常好，因此旋风燃烧方式的热强度高；二是对于采用液态排渣方式的旋风燃烧锅炉，大部分燃料颗粒在离心力的作用下被甩向旋风筒壁面进而被壁面捕捉，旋风筒的捕渣率通常高达70%～85%，可大大减少飞灰排放量；三是由于大部分燃料颗粒被黏附在旋风筒筒壁渣层上，燃料在旋风筒内有较长的停留时间，有助于维持旋风筒内燃烧的稳定性；四是由于锅炉捕渣率高，烟气中携带的飞灰量少，不必担心飞灰对锅炉对流受热面的磨损，可以提高受热面烟速，锅炉结构更紧凑。因此，在旋风燃烧方式提出后的几十年里，旋风燃烧锅炉得到了较好的推广。西德、苏联、美国和捷克等国纷纷对粉

液态排渣旋风炉的研究进展及应用

煤旋风燃烧技术开展工业试验，并将其应用在电站锅炉上，20世纪50年代至60年代，各国投入运行了大量的卧式旋风燃烧锅炉。然而，随着旋风燃烧锅炉的发展，传统旋风燃烧锅炉的缺点也逐渐暴露出来，如旋风筒内较高的温度水平使污染物 $NO_x$ 排放量较高，存在析铁、高温腐蚀现象及灰渣热物理损失高等问题。析铁是指在炉底渣池内从熔渣中析出熔化的单质铁，积铁可能蚀穿炉底，单质铁流入粒化水箱后与水反应生成 $H_2$，还可能会导致氢爆炸。上述种种原因制约了旋风燃烧锅炉的发展，同时，在60年代，廉价的石油也给旋风燃烧锅炉的发展带来了沉重的打击，旋风燃烧锅炉的发展处于停滞状态。直到70年代，石油危机爆发，鉴于旋风燃烧锅炉在燃用低灰熔点煤方面的独特优势，人们又纷纷将目光投向液态排渣旋风燃烧锅炉。此时，世界范围内的燃烧技术也得到了大幅度提高，已具备开发新型高效环保的旋风燃烧锅炉的条件。传统旋风燃烧锅炉的析铁、高温腐蚀等问题都能得到有效解决。学者们提出的多种旋风燃烧锅炉液态渣余热回收利用系统能有效降低灰渣热物理损失[2]。随着科学技术的发展，国内外学者们针对煤粉炉、旋风燃烧锅炉等炉型也提出了很多污染物 $NO_x$ 排放控制技术。美国能源部国家能源技术实验室（U. S. Department of Energy's National Energy Technology Laboratory，DOE/NETL）[3,4]、B&W公司[5-8]和REI公司[9-12]等科研机构和公司提出了一系列 $NO_x$ 排放控制技术，如送入部分纯氧的深度空气分级燃烧技术[5,7]、送入部分纯氧深度空气分级与燃料再燃相结合技术[13]、$O_2/CO_2$ 旋风燃烧技术[8]、RRI（Rich Reagent Injection）技术[9,14]等，采用 $NO_x$ 排放控制技术能有效控制旋风燃烧锅炉氮氧化物的排放。截至目前，旋风燃烧锅炉在美国的应用最为广泛[6,14-16]，美国投运的旋风燃烧锅炉达百余台，总装机容量达26000MW。目前，世界上装机容量最大的旋风燃烧锅炉是1150MW的TVA's Paradise Plant 3#超临界锅炉[5,17]。在新形势下，旋风燃烧锅炉已成为一种非常具有竞争力的炉型。

旋风燃烧锅炉按照旋风筒布置的结构形式可分为卧式旋风燃烧锅炉和立式旋风燃烧锅炉，如图1-1和图1-2所示。卧式旋风燃烧锅炉的旋风筒水平或与水平面呈一夹角布置，而立式旋风燃烧锅炉的旋风筒垂直于水平面布置。美国等国主要投运卧式旋风燃烧锅炉并对其进行研究，而我国在立式旋风燃烧锅炉方面积累了丰富的设计和运行经验。

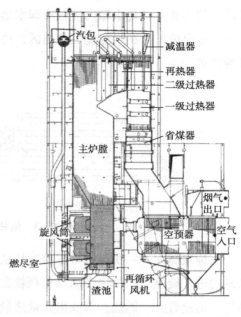

由图1-1可知，旋风燃烧锅炉通常由旋风筒、燃尽室和主炉膛组成。一台旋风燃烧锅炉通常有一只或数只旋风筒，旋风筒内敷设耐火材料。旋风筒后布置体积不大的燃尽室，燃尽室内通常也敷设耐火材料来维持其高温水平，并且保证液态渣顺利排出。未燃尽的成分在燃尽室内进一步燃烧，部分熔渣也可以在此处捕获，同时，燃尽室还可以起到消除气流残余、旋转均匀气流的作用。燃尽室后布置主炉膛，卧式旋风燃烧锅炉的燃尽室和主炉膛之间布置捕渣管束。而立式旋风燃烧锅炉的捕渣管束布置在旋风筒和燃尽室之间，如图1-2所示。捕渣

图1-1　卧式旋风燃烧锅炉结构示意[19]

管束不仅具有均流作用，同时还可以提高燃尽率和熔渣捕集率。

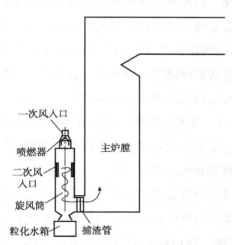

图1-2　立式旋风燃烧锅炉结构示意

国内外通常采用水淬法处理旋风燃烧锅炉的液态渣，为了保证旋风燃烧锅炉内的熔渣顺利排出，通常在旋风筒底部或尾部布置灰渣栏和渣井[18]。渣栏的主要作用是在旋风筒底部形成熔渣池，将熔渣聚集到一定的高度，熔渣最终通过渣栏中盘管下陷形成的低洼缺口（壶口）排出。设置渣栏排出熔渣可以使熔渣集中，不易冷却，从而保持熔渣较好的流动性。渣栏要与高温火焰和高温熔渣接触，因此，渣栏一般采用冷却水管弯制而成，锅炉给水通常可以用来冷却渣栏。通过渣栏的冷却水量需要经过试验确定，以保证渣栏得到有效冷却的同时实现顺利排渣。渣栏的结构简图如图1-3所示。渣井连接渣口和粒化水箱，从渣

井流出的熔渣在粒化水箱内接触冷却水迅速冷却后粒化成颗粒，粒化后的熔渣经捞渣机排出炉外。在水源充足的地区，也可直接采用高压水冲渣的方式，不需布置捞渣机。

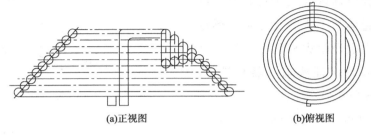

(a)正视图　　　　　　　　　　　(b)俯视图

**图 1-3　渣栏的结构简图**

在旋风筒内，一次风携带煤粉颗粒从切向或者轴向进入旋风筒，二次风切向或割向进入旋风筒，气流带动煤粉颗粒在旋风筒内强烈旋转。燃料在旋风筒内受热后，迅速着火、燃烧，释放出大量热量，旋风筒中燃烧所产生的高温烟气全部进入燃尽室和主炉膛进一步燃尽和冷却。因此，旋风燃烧锅炉不同于煤粉炉，在旋风燃烧锅炉内，燃烧、燃尽和烟气冷却在空间上是相对分离的。

旋风燃烧锅炉中燃烧主要发生在旋风筒，因此旋风筒是旋风燃烧锅炉的关键设备。煤粉颗粒进入旋风筒后，大部分高温熔融煤粉颗粒在强烈的旋流作用下被甩向旋风筒内壁，与壁面碰撞时会被灼热的熔渣捕捉并附着在壁面熔渣层上燃烧。较细小的煤粉颗粒则浓集在壁面附近进行悬浮燃烧，煤粉燃尽后形成的灰颗粒呈熔融状态，在旋转气流的作用下，也可能被甩向壁面从而被捕获。大量灰渣颗粒被壁面熔渣捕集且很难再回到气流场中，被捕捉的灰渣颗粒逐渐形成渣层，最后在高温下呈液态渣状态从排渣口排出。渣层不仅可以作为保温层维持旋风筒内的高温，还可以抵抗气流和颗粒对耐火材料和水冷壁的侵蚀。

对于液态排渣旋风筒，煤粉颗粒被旋风筒筒壁捕捉进而形成渣层会影响旋风筒内空间的流动及燃烧，而旋风筒内高速旋转的气流也将影响对灰渣颗粒的捕捉及渣层的形成，因此，旋风筒内颗粒的捕捉、渣层的形成及流动不能忽略。并且，对于液态排渣旋风筒来说，渣层的形成、液态渣的稳定流动、耐火材料层的设计对旋风筒的安全和稳定运行非常重要。在常规煤粉炉的相关研究中，由于悬浮燃烧的煤粉颗粒沉积到壁面的概率较小，研究中较少涉及颗粒捕捉等过程，现有商业软件也没有相关模块可以求解液态排渣情况下颗粒沉积、熔渣流动及颗粒附壁燃烧等近壁特性。因此，亟待建立适用于液态排渣旋风筒的颗粒捕捉、熔渣流动、渣层传热及燃烧的数学模型，为研究液态排渣旋风筒内熔渣的流动及渣层的传热特性以及旋风筒内空间的流动及燃烧特性提供理论基础，进而指导旋风筒的优化设计和运行。

## 1.2　旋风燃烧锅炉的研究现状

学者们在液态排渣旋风燃烧装置、灰渣颗粒的沉积与捕捉、熔渣流动、颗粒的附壁燃烧以及旋风燃烧锅炉氮氧化物生成特性等方面都进行了相关研究。

### 1.2.1　旋风燃烧装置

燃烧是非常复杂的物理化学过程，通过冷、热态试验获得燃烧装置内的燃烧和流动特性是常用的研究手段。采用试验的方法研究燃烧装置内的流动及燃烧特性存在热态测量困难、测量结果不准确、测量工况有限、数据具有经验性和局限性、物力人力财力耗费大等诸多问题，难以完全依靠试验研究对燃烧装置的进一步改进和完善提供合理有效的建议和指导。而相较于试验研究，数值模拟方法灵活、便捷、耗费时间短、经济安全，能全面预测流场及温度场。因此，数值模拟方法也是研究燃烧装置内流动和燃烧特性的有效手段。

旋风燃烧方式也被应用在工业锅炉上，学者们针对传统液态排渣旋风燃烧装置进行了优化研究，一些国内外科研院所也开发了新型旋风燃烧装置，如美国TRW 公司[20,21]开发的煤粉液态排渣旋风燃烧器、中国煤炭科学研究院提出的新型旋风燃烧装置及广州能源研究所提出的煤粉低尘燃烧装置等，通过研究燃烧装置在各工况下的流动及燃烧特性指导燃烧装置的设计、改进及运行。

余立新等[22]提出使用中心火焰出口管替换传统液态排渣旋风燃烧器的火焰出口缩口，使燃烧器的回流气流量增多并提高捕渣率，同时采用分级燃烧降低 $NO_x$ 排放量。笔者通过实验测量获得燃烧器内的速度分布和温度分布，探讨了一次风风速、二次风风速和风温对燃烧器性能的影响。

中国煤炭科学研究院提出了一种新型旋风燃烧装置，携带煤粉的一次风从轴向经喷枪进入燃烧室，二次风从燃烧器端部切向进入燃烧室。纪任山[23]对其进行了数值模拟研究，获得了燃烧室内流场、温度场及颗粒轨迹图，并将数值模拟结果与 5 个测量点的温度值进行比较，结果表明数值模拟结果与实验值吻合较好。笔者认为该燃烧装置尾部的温度过高，容易结焦，并提出了适当减少供粉量和风量的方法来改善燃烧装置内的温度分布。

李代力等[24-28]对水煤浆旋风燃烧锅炉和垃圾焚烧灰渣高温熔融旋风燃烧锅炉进行了大量的研究工作，在结构优化、运行参数优化、冷热态试验等方面积累了丰富的经验。

陈恩鉴等[29]在"九五"国家攻关项目的支持下，在液态排渣旋风燃烧技术的基础上提出了一种适用于工业窑炉的煤粉低尘燃烧技术，其特点是二次风从燃烧装置端面的环形叶栅轴向进入，燃料由最外层旋转气流带入。由于大部分灰渣在燃烧装置内被收集，这项技术也被称为煤粉低尘燃烧技术。二次风轴向进入可以使燃烧装置内的流场更加对称规则，外层给粉延长了煤粉的停留时间，但也存在风口结焦、点火困难的问题。广州能源研究所针对煤粉低尘燃烧器进行了冷热态试验、全尺寸装置试验和数值模拟研究。林伯川等[30]采用考虑非均相湍流应力的雷诺应力模型和改进的 SIMPLEST 算法研究了该煤粉低尘燃烧器内的气流流动，并探讨了燃烧室长径比、二次风入口直径和燃烧器出口直径对流场特性的影响。结果表明，燃烧器的几何结构对其环室回流率和中心回流率有较大影响。汪小憨[31]提出"群分化"的计算理论追踪颗粒的运动，构建了单颗粒的壁上燃烧模型模拟附壁燃烧，根据建立的数学模型自主开发了 WBSF-PCC( Wall Burning and Slag Flow in Pulverized Coal Combustion)程序对燃烧器内颗粒沉积、熔渣流动和煤粉颗粒附壁燃烧等现象进行了数值研究，并考察了旋风燃烧装置内煤粉的燃烧过程以及各物理量的分布。

冉景煜等[32-34]设计了一种新型液态排渣煤粉燃烧器，该新型液态排渣燃烧器的一次风经圆锥形钝体导流轴向进入燃烧器，延长了煤粉的停留时间，二次风从 18 个喷口(3 排，每排 6 个)送入燃烧器，保证了燃烧器内流场的对称性。笔者研究了结构参数(一次风扩展角、二次风管前倾角和旋转角)和运行参数(一次风率)对燃烧器内流动特性及燃烧特性的影响，并分析了燃烧器不同位置颗粒的沉积情况，根据研究结果对该型旋流燃烧器提出了相应的结构优化建议。

白文刚等[35-37]提出通过在旋风筒内创造高温强还原性气氛来降低 $NO_x$ 的排放，并在立式串联两段炉上针对多煤种进行研究，探讨了还原区温度、过量空气系数、停留时间及煤种、煤粉粒径、燃烧气氛等参数对 $NO_x$ 排放的影响，界定了高温强还原气氛为还原区温度≥1700℃且过量空气系数≤0.7的气氛，验证了高温强还原低 $NO_x$ 燃烧技术的正确性。笔者采用热平衡的方法分析了过量空气系数、一次风温、二次风温和煤种等对旋风筒出口烟温的影响。针对低热值燃料，笔者还提出了富氧空气旋风燃烧技术和基于燃料分级燃烧的旋风筒内再燃技术。并且，还将旋风燃烧技术和 $CO_2$ 减排技术相结合，提出了纯氧旋风燃烧锅炉技术。

Krasinsky 和 Anikin 等[38-40]设计了改进型的旋涡燃烧炉，通过从燃烧炉上部和下部分散切向送入燃料和空气在燃烧炉水平轴向位置创造涡流火焰，并采用激光多普勒测试系统研究其空气动力场，采用数值模拟的方法研究了燃烧炉上部和下部引入的气流流量比率对空气动力场的影响，以及燃烧 Berezovsk 褐煤时的燃烧特性。研究发现，当体积热负荷为 $0.8MW/m^3$ 时液态渣的排出稳定顺畅。

近年来，学者们在准确预报旋流燃烧器内的湍流流场方面也进行了大量的工作并取得一系列的研究成果。周力行等[41]提出了针对强旋湍流的代数应力模型，与连续介质－轨道的有反应颗粒相模型相结合，并采用 CCVC(Coal Combustion in Vortexing Combustors)程序对旋风流化床内的两相流动及煤粉燃烧进行了研究。还博文等[42]对标准 $k-\varepsilon$ 模型进行了旋流修正，并对 65t/h 液态排渣立式旋风炉前置筒内的流动及气相燃烧进行了数值模拟研究，并验证了由旋流修正的 $k-\varepsilon$ 模型的可行性。

综上所述，学者们针对旋风燃烧方式及旋风燃烧装置进行了大量的研究，积累了丰富的经验，为进一步推进旋风燃烧技术的发展奠定了基础。

## 1.2.2 熔渣流动及渣层传热

液态排渣旋风燃烧装置的壁面渣层呈熔融状态，大多数被强旋气流携带的灰渣颗粒也呈熔融态与壁面碰撞甚至被黏附，旋风燃烧装置内灰渣颗粒的运动过程与固态排渣炉具有显著的差异。对于固态排渣炉，煤粉在炉膛内悬浮燃烧，颗粒沉积在壁面的概率很小。但是若灰渣层在炉膛壁面形成，则会影响锅炉的效率，沉积的颗粒可能会磨蚀受热面，影响锅炉的安全运行，严重结渣时还可能需要停炉除渣。而液态排渣炉则需要在装置壁面形成稳定持续的灰渣层以保证其安全稳定运行。因此，针对旋风燃烧装置，不仅需要研究装置内空间的流动及燃烧特性，还需对液态排渣燃烧装置的颗粒碰壁捕捉、熔渣流动、渣层传热及燃烧等过程进行深入研究，以期更加准确地预测旋风燃烧装置内的流动及燃烧。有不少学者对炉内灰渣颗粒沉积和渣层传热进行了探讨。Wang 和 Harb[44]提出煤灰颗粒沉积到炉膛壁面时需关注以下 5 个问题：①煤灰颗粒形成；②煤灰颗粒在炉膛中的运动；③颗粒与壁面的碰撞和黏附；④灰渣层的形成及其传热特性；⑤煤灰颗粒沉积对炉内流动特性的影响以及灰渣层对炉内燃烧特性的影响。汪小憨等[31,45]将液态排渣燃烧器内煤颗粒的运动分为煤颗粒的空间燃烧、颗粒沉积、颗粒附壁燃烧和随渣流动 4 个子过程。

煤灰颗粒黏附在旋风燃烧装置的壁面并形成熔渣层势必会与旋风燃烧装置内空间的流动及燃烧相互影响。首先，煤灰颗粒黏附在壁面会改变壁面的边界条件（壁面传热热阻、壁面热流分布和渣层发射率等），从而影响通过壁面的传热，进而影响旋风筒内的温度分布及组分分布；其次，壁面形成的高粗糙度渣层会增加贴壁气流流动的阻力，进而影响旋风筒内的流场。同时，旋风筒内高速旋转的气流也将影响灰渣颗粒与壁面的碰撞与黏附，旋风筒内的燃烧也会影响壁面渣层的形成。因此，在研究液态排渣旋风筒内的流动及燃烧特性时，其附壁灰渣的流动和渣层的传热是不可忽视的，灰渣层的形成使旋风筒内的燃烧及传热变得更加复杂，给准确预测旋风筒内的流动及燃烧带来了极大的挑战，而现有的商业软件不能完成旋风燃烧锅炉内流动及燃烧特性的预测，还需要更深入地研究与熔渣相关的各个子过程以丰富完善商业软件的计算。

近年来，虽然国内外研究中鲜见关于旋风燃烧锅炉内熔渣流动特性的报道，但人们对煤粉炉内的结渣越来越重视。同时，随着液态排渣气化炉的发展，人们也非常关心气化炉内的熔渣行为。因此，涌现了大量研究炉内熔渣行为的报道，学者们采用实验或数值模拟的方法研究熔渣形成的机理，并针对影响熔渣流动及渣层传热特性的因素进行研究。

采用全尺寸的实验研究具有一定的难度，因此，学者们开发了相关实验装置，开展了大量的实验研究煤粉燃烧器内熔渣沉积机理[46-54]。Abbott 等[46-51]开发了简化的黏附实验装置来研究不同影响因素如颗粒湿度、沉积接触角、黏附强度和火焰温度对熔渣在不同基板上的沉积特性的影响。Barroso 等[52]研究了煤种、混煤比例和操作工况对携带流反应器中灰渣沉积的影响。实验中不需要测量沉积颗粒的质量，而采用 ASTM( American Society for Testing and Materials )的测量方法和扫描电子显微镜相结合测量煤、灰和沉积物的物性，并引入捕捉效率和能量增长率两个指标来表征沉积行为，研究得到了沉积增长率与颗粒直径的关系。Ichikawa 等[55]针对实验室规模的煤气化炉研究了焦炭形成与水平放置管表面颗粒沉积特性的关系，将从 3 种当地煤种制得的焦炭黏附在平板上并允许其被气流携带，即可测得焦炭颗粒的黏附强度。结果表明，$10\mu m$ 及以下粒径的颗粒显著影响管壁的沉积特性。Xu 等[56]采用滴管炉模拟实际气化条件研究了 9 种煤的沉积特性，结果表明，低温条件下，煤中的矿物质成分是影响颗粒沉积的主导因素。研究还发现气化过程中煤中碱土化合物如 MgO 和 CaO 导致了颗粒沉积。Tonmukayakul 和 Nguyen[57]设计了适用于 $600 \sim 1300℃$ 范围内测量熔渣流变特性的流变计，并分析了多种澳大利亚低阶煤的流变特性，研究发现煤中碱性氧化物的含量显著影响煤灰的流变特性。Hosseini 和 Gupta[58]在电加热垂直滴管炉上研究了煤气化过程中操作工况和颗粒轨迹对灰沉积和渣层形成的影响。研究表明，当操作温度高于 $1250℃$ 时不会出现熔渣堵塞，但炉底附近的渣层很厚。

也有学者针对气化炉内熔渣在壁面的流动特性开展了一些小规模的常压实验研究[59-63]。Koyama 等[60]分析了某 $50t/h$ 气流床气化炉内沉积灰渣的形态、结构、成分和烧结强度，并将沉积物分为 3 类：粉末状、块状和熔融状。研究表明，由于气化炉在烟气出口区域采用低氧煤比运行，熔渣出口采用高氧煤比运行，因此，足够的气化产物的产生缓解了熔渣堵塞问题。贡文政等[64]在小型气流床水煤浆气化炉实验平台上研究了操作参数如循环水量、壁温和火焰温度对膜式水冷壁上熔渣分布及形态的影响。由于仅投水煤浆无法在实验条件下观察到稳定的渣层，笔者采用煤渣、柴油和石油焦与水煤浆混合制取进料来研究壁面的结渣情况。也有学者采用其他材料模拟熔渣展开研究，如石蜡[65,66]、糖浆[67,68]和雾化后的液滴[69]等。袁宏宇等[70]以石蜡作为替代工质，类比研究反应条件对双喷嘴对置式气化炉内熔渣沉积规律的影响。研究发现，气化炉冷却条件对渣层的形成影响较大，使用水冷时壁面的渣层比未使用水冷时厚。Song 等[71]采用 X 射线荧光光谱仪(XRF)、X 射线衍射仪(XRD)和扫描电子显微镜(SEM)等仪器测量了 $1200 \sim 1340℃$ 高温范围内 Texaco 气化炉内熔渣的流变特性，探讨了剪切率和温度对熔渣流变特性的影响。研究表明，熔渣的流变特性与其固相含量有关，同时，随着温度的降低，熔渣内切应力的值和结晶颗粒的数量和尺寸增大。

学者们关于燃烧器内熔渣行为的研究加深了对熔渣沉积机理和流动特性的认

识，为进一步研究奠定了基础。

数值模拟也是一种研究燃烧器内熔渣行为的有效方法。学者们相继建立了描述灰渣积累和熔渣流动的非稳态模型和稳态模型[72-75]对灰渣流动特性及传热特性进行预测。Seggiani[72]在1998年首次建立了一维非稳态轴对称模型预测气化炉内熔渣的积累和流动随时间的变化规律，将建立的模型与三维空间的数值模拟耦合，并利用建立的模型研究了氧/蒸汽比提高2%、石灰石的添加量增减50%和在气化炉炉底增减氧气喷口对西班牙Puertollano ICGCC（Integrated Coal Gasification Combined Cycle）电厂的Prenflo携带流气化炉熔渣行为的影响。笔者将整个气化炉壁面从上至下分为15个不等份，并得到了气化炉的操作条件对熔渣行为的影响。Seggiani建立的模型中假设所有颗粒均被壁面捕捉，忽略了渣层表面的剪切力，并假设渣层内温度符合线性分布规律。虽然模型中采用了诸多假设，但Seggiani的研究为其他研究奠定了基础。周俊虎等[76]采用Seggiani的非稳态模型，求解了变工况条件（不同氧碳比、汽煤比和煤粉流量）对粉煤气化炉渣层厚度、温度及传热的影响。研究表明，增大负荷、减少汽煤比和增加氧碳比都会使渣层减薄，研究结果可以为粉煤气化炉的设计和运行提供参考。刘升[69]将Shell气流床气化炉壁面分为12个计算单元，采用Seggiani的模型研究了氧煤比和煤灰黏温特性对渣层行为的影响。也有学者对Seggiani的模型进行了改进和完善，如汪小憨等[31,45,77]在Seggiani的模型基础上发展了一维稳态熔渣流动模型，引入颗粒捕捉概率计算模型计算颗粒黏附概率。结果表明，颗粒附壁燃烧模型模拟颗粒在渣层表面的燃烧，预测结果更加准确，但该模型不能预测渣层界面的温度分布。Yong[78]在Seggiani和Wang模型基础上，对模型进行改进，引入了颗粒捕捉模型并假设渣层温度与厚度呈三次方关系，并对一台加压氧煤燃烧器和MHI两段携带流煤气化炉内的熔渣流动及渣层传热特性进行研究。

Ye等[79,80]进一步简化了渣层的温度分布和渣层物性的计算，提出了渣层稳态流动模型，将沉积颗粒作为新的控制单元添加到现有渣层表面上。这种方法减少了数值模拟的计算量，但没有耦合气化对熔渣沉积特性的影响，该模型将沉积颗粒的温度和颗粒沉积速率取为固定值，与实际运行情况相差较大。Ye等将Prenflo气化炉壁面分为20个部分，采用建立的模型研究了运行参数和灰渣物性（临界黏度、临界黏度温度和添加助熔剂）对携带流煤气化炉渣层行为的影响。研究表明：固态渣层厚度受各参数的影响比液态渣层大，固态渣层厚度随着临界黏度温度的升高而呈指数形式增长，同时固态渣层和液态渣层的厚度随着临界黏度的增长而增长，助熔剂影响熔渣行为主要是因为增加助熔剂使临界黏度温度发生了变化，Ye 等还认为壁面位置、燃烧器倾角及气体温度对渣层行为影响不大。

还有学者采用商业软件中非稳态的 VOF(Volume of Fluid)模型重构渣层自由表面来研究熔渣相关行为。VOF 模型中引入了各相体积分数 $\alpha_i$，需求解每一个控制单元内的体积分数方程。对于有渣层存在的壁面，靠近壁面的每一个控制单元内液态渣体积分数 $\alpha_s$ 和气体体积分数 $\alpha_g$ 之和为 1($\alpha_s + \alpha_g = 1$)。当某一个控制单元充满液态渣时，$\alpha_s = 1$；当某一个控制单元充满气体时，$\alpha_g = 1$；当控制单元内存在渣层和气体界面时，$0 < \alpha_s < 1$，此控制单元是研究中最关注的控制单元。如果某控制单元内有熔渣存在，则通过对 VOF 方程添加源相求得每个控制单元各相的体积分数。由于求得的自由界面处控制单元的各相体积分数不是连续函数，因此需采用自由界面重构方法重构两相间的界面。学者们也提出了多种界面重构方法，如直接逼近法[81]、任意网格可压缩界面捕捉法(Compressive Interface Capturing Scheme for Arbitary Meshes，CICSAM)[82]、FLAIR 两网格上斜直线近似法[83]和几何重构法[84]等。Liu 和 Hao[85]为了减少 VOF 模型的计算量，将三维问题简化为二维问题，并将气化炉壁面简化成 300mm 长的壁面，颗粒沉积率取为定值 0.5kg/(m·s)，重构了气流床气化炉内合成气和熔渣之间的自由表面，并通过求解能量方程得到固态渣层和液态渣层的温度。研究表明：在重力作用下，由于壁面下部液态渣的流动速度增快，液态渣层自由表面波动增大。Ni 等[86]采用 VOF 模型重构了气化炉渣口的渣层自由表面，并分析了多种操作工况下渣层的分层情况。Chen 等[87]考虑颗粒沉积速率在壁面分布的不均匀性，引入颗粒碳转化率来建立颗粒捕捉判定准则，结合三维非稳态的 VOF 模型研究了某 5MW 水煤浆加压富氧燃烧器内的熔渣行为。该富氧燃烧器直径约 1.2m，长约 5.3m，以水平倾斜角 1.5°放置。为获得较精确的渣层厚度分布，靠近壁面的第一层网格被加密至 0.01mm，燃烧器的总网格数约为 160 万个。研究该燃烧器壁面在三维空间上的颗粒沉积特性、熔渣流动特性和渣层传热特性，并发现燃烧中 80% ~90% 的灰颗粒被壁面捕集，与实验观察到的现象吻合。研究表明：当燃烧器运行 4 ~5h 之后，熔渣的流动状态趋于稳定，液态渣主要在重力作用下运动，其流动速度约为 0.1mm/s。在燃烧器 2~3m 位置处，颗粒沉积速率最大，并且颗粒沉积速

率在周向的分布不均匀。Chen 还指出，靠近壁面的网格尺寸对计算结果的精度影响较大。VOF 模型可应用于三维燃烧器的模拟研究，采用 VOF 模型不仅能得到沿燃烧器轴向的渣层特性，还可以获得沿燃烧器周向的渣层特性，但采用 VOF 模型计算量大，计算耗时长，占用计算资源多。为了追踪到两相间的自由界面，靠近自由界面处的网格需非常致密，因此，VOF 模型更适用于基础研究或针对燃烧器的某特征部位进行研究。

在熔渣壁面行为的研究中，学者们提出了各个子模型来提高熔渣相关模型预测的精度，包括颗粒捕捉子模型[73,74]和熔渣附壁燃烧子模型[77]等。近年来，学者们不断完善模型并对影响熔渣行为的关键因素进行了深入研究，且加深了对燃烧器内熔渣行为的认识。部分研究也将模拟结果与小型试验装置或大型燃煤锅炉的实验数据进行了对比，部分模型预测结果与实验结果吻合较好[88]，能够合理地预测熔渣流动和传热特性。下面将介绍煤灰颗粒在燃烧器壁面的沉积、熔渣流动及渣层传热等各个子过程的研究。

1. 颗粒沉积

煤灰颗粒被强旋气流带动，可能会被甩向旋风筒壁面。学者们[89-92]在颗粒碰撞机理、颗粒黏附概率计算和颗粒捕捉判定等方面进行了研究。

Friedlander 和 Johnstone[93]提出了自由飞行(free fright)和停滞距离(stopping distance)理论，认为颗粒运动到停滞距离(距离壁面一定位置)时即从主流中脱离，以某一自由飞行速度穿过黏性底层到达壁面，其自由飞行速度为 0.9 倍的摩擦速度。许多学者对自由飞行理论进行了进一步研究和完善。Davies[94]认为自由飞行速度与当地雷诺时均速度相同，但预测结果与测量值偏差较大。Wood[95]改进了自由飞行和停车距离理论，研究了壁面粗糙度对颗粒沉积的影响，总结了影响颗粒在颗粒沉积的三个区域即扩散区、扩散碰撞区和惯性缓冲区沉积的主要因素。

Fan 和 Ahmadi[96]基于近壁湍流的连续涡流中球形颗粒的运动提出了湍流流体中球形颗粒沉积到光滑壁面的模型，认为颗粒运动所受的力包括水动力、转矩、剪切力和重力，同时评估了球形颗粒在运动中的轨迹，得到了不同工况下颗粒沉积速度，分析了颗粒粒径、入射角、颗粒/气流密度比和重力对沉积速率的影响。Guha[97]认为自由飞行和停滞距离模型不适用于惯性缓冲区沉积，提出了适用于各种粒径颗粒沉积过程的光滑和粗糙表面颗粒沉积的简化欧拉理论，并进一步分析了热泳力、静电力、重力、升力和表面粗糙度对颗粒沉积的影响。

Hutchinson 等[98]认为颗粒向不同方向运动，并提出了随机模型，该模型不再受早期模型的假设所限制。并且对颗粒粒径在 $0.8 \sim 125\mu m$、雷诺数为 $5 \times 10^3 \sim 3 \times 10^5$、气流/颗粒密度比为 $1.6 \times 10^{-4} \sim 1.5 \times 10^{-3}$、管径为 $0.375 \sim 2.5 in$ 的一系列工况进行了测量，所有工况下实验值与理论值非常吻合。结果表明，颗粒沉积速率随雷诺数、颗粒直径/管径比、气流/颗粒密度比和颗粒位置与管壁距离的变化而变化。

Cleaver 和 Yates[99]研究了湍流边界层的结构，认为靠近壁面存在下扫（Down - sweep）区域，假定颗粒被下扫作用传递至壁面，并以此来计算颗粒沉积速度。

Montagnaro 和 Salatino[100]研究了黏附在渣层的颗粒是否会入侵渣层内部和被渣层覆盖的颗粒能否再运动到渣层表面。被黏附颗粒入侵到渣层内部的条件为：

$$du > \frac{36\mu}{\rho} \tag{1-1}$$

式中：$d$ 为颗粒直径，m；$u$ 为颗粒速度，m/s；$\mu$ 为颗粒黏度，$kg/(m \cdot s)$；$\rho$ 为颗粒密度，$kg/m^3$。

通过数量级分析可知，当颗粒粒径大于 $200\mu m$ 且黏度小于 $1kg/(m \cdot s)$ 时，被捕捉颗粒才会进入渣层内部。被黏附在渣层表面的颗粒会被源源不断的新的被黏附颗粒覆盖，Montagnaro 和 Salatino 提出仅当渣 - 颗粒的表面张力能克服颗粒的 Stokes 力时，渣层内部的颗粒才能穿过渣层运动到渣层表面，渣层内部颗粒运动到渣层表面的条件为：

$$\dot{\delta} > \frac{\sigma}{3\mu} \tag{1-2}$$

式中：$\dot{\delta}$ 为渣层厚度因为颗粒的不断沉积而变化的变化率；$\sigma$ 为渣 - 颗粒表面张力。

通过数量级分析可知，颗粒运动到渣层表面需满足条件 $\dot{\delta} > 7 \times 10^{-3} m/s$，而实际渣层厚度的变化率远远小于这个数值。因此，一旦颗粒被渣层覆盖，颗粒不会再穿过渣层运动到渣层表面。

上述研究主要关注颗粒沉积机理，也有学者对颗粒碰撞过程进行了假设和简化，注重颗粒碰撞结果而非颗粒沉积机理，认为只有被壁面捕捉的颗粒才对渣层的形成有贡献，因此，学者们在判定颗粒是否被壁面捕捉和计算颗粒黏附概率方面进行了大量研究。Walsh 等[101]、Shimizu 和 Tominaga[102]分别提出了黏附概率计算模型，Mao 等[103]、Yong[78]、Chen 等[104,105]分别提出了颗粒捕捉判定准则。关于颗粒捕捉和黏附概率计算的理论、应用及评价见表 1 - 1。

表 1 - 1　颗粒捕捉和黏附概率计算的理论、应用及评价

| 分类 | 提出学者 | 应用 | 简介及评价 |
|---|---|---|---|
| 给定值 | — | Ni 等[86]，Li 等[114] | 需给出颗粒沉积速率的经验值 |
| 黏附概率计算 | Walsh 等[101] | Richards 等[106]，Fan 等[107]，汪小憨[31] | 根据黏度计算黏附概率，形式简单，使用广泛，不够精确 |
| | Walsh 等[108] | Lee 等[109] | 比较颗粒动能和界面张力 |
| | Shimizu 等[102] | — | 考虑渣层和颗粒是否含碳，计算结果与实际情况差异较大 |
| 捕捉判定准则 | Mao 等[103] | Ni 等[86]，Li 等[115] | 引入最大反弹能 |
| | Yong 等[74] | Chen 等[104,105] | 比较渣层张力与颗粒动能，计算简单，准确度高 |
| | Chen[104] | Xu 等[116] | 考虑颗粒的碳转化率，需给出煤种的临界碳转化率 |

（1）黏附概率计算模型

Walsh 等[101]认为颗粒黏附与颗粒的直径、速度、温度、黏度、表面张力、入侵角和物理化学性质等有关，其中，颗粒黏度是颗粒与壁面碰撞后是否被黏附的主要依据。在干净的壁面上，只有黏性颗粒能黏附在壁面，但黏性颗粒的表面能黏附黏性颗粒和非黏性颗粒。

颗粒黏附概率 $p(T, X_i)$ 的计算公式为：

$$p(T, X_i) = \frac{\eta_{ref}}{\eta}, \ \eta > \eta_{ref}$$
$$p(T, X_i) = 1, \ \eta \leqslant \eta_{ref}$$
（1 - 3）

黏附颗粒的质量分数等于颗粒被黏附的概率加上黏性表面捕捉非黏性颗粒的概率，并减去非黏性颗粒对渣层侵蚀导致的黏附率减少，黏附颗粒的质量分数 $f_{dep}$ 为：

$$f_{dep} = p(T_g) + [1 - p(T_g)]p_s(T_s) - k_e[1 - p(T_g)][1 - p_s(T_s)]$$ （1 - 4）

式中：$\eta_{ref}$ 为参考黏度，Pa·s，Walsh 等[101]给出的参考黏度为 8Pa·s；$p(T)$ 为温度为 $T$ 的颗粒被黏附的概率；$T$ 为温度，K，下标 s 和 g 分别为壁面和颗粒；$k_e$ 为非黏性颗粒沉积对渣层的侵蚀率。

Richards 等[106]采用 Walsh 等提出的模型研究了中试规模的煤粉燃烧装置内颗粒沉积速率对渣层生长的影响，研究表明操作工况对颗粒沉积和渣层生长影响较大。Fan 等[107]也采用上述模型与炉内模拟相结合研究了某 W 型煤粉炉内颗粒的沉积特性。需要注意的是，在使用 Walsh 的模型时需给出准确的炉内温度变化和黏度变化，否则预测结果不够准确。

Walsh 等[108]在 1992 年又提出了可通过比较碰撞颗粒动能和界面张力来计算颗粒的黏附概率。如果非黏性和黏性表面间的张力大于碰撞颗粒的动能，颗粒即被黏附，黏性颗粒碰撞到非黏性壁面的黏附概率可表示为：

$$P = \frac{2\gamma A}{\frac{1}{2}m_p u_p^2} \tag{1-5}$$

式中：$\gamma$ 为黏性颗粒与非黏性壁面的黏性力，N/m；$A$ 为颗粒着膜面积，$m^2$；$m_p$ 为碰撞颗粒质量，kg；$u_p$ 为碰撞颗粒速度，m/s。

Lee 等[109]采用上述模型计算颗粒黏附概率，研究发现，颗粒黏附概率不仅与碰撞颗粒的黏度、速度和入射角等有关，还与碰撞颗粒表面熔融层的厚度有关。

Shimizu 和 Tominaga[102]针对高温气化条件提出了熔渣层捕捉颗粒的简化预测模型，将颗粒分为含碳颗粒和不含碳颗粒，将渣层分为覆盖熔融态灰渣表面和覆盖含碳颗粒表面，假定碰撞到熔融态渣的颗粒被捕捉，而碰撞到含碳颗粒表面则反弹，如图 1 - 4 所示。焦炭颗粒覆盖的面积与总渣层表面积比值的增长率 $R_1$ 为：

$$R_1 = \frac{6F_C}{\rho \pi D_p}(1-\theta) \tag{1-6}$$

被捕捉的含碳颗粒以一定的速率继续气化，使焦炭颗粒覆盖的面积减少，减少速率 $R_2$ 为：

$$R_2 = r\theta \tag{1-7}$$

运行过程中，渣层处于稳定状态，即焦炭颗粒覆盖的面积与总渣层表面积的比值增长率与焦炭的反应消耗相平衡，因此，联立方程(1-6)和方程(1-7)即可求得颗粒捕捉概率 $p$ 为：

$$p = 1 - \theta = \frac{1}{1 + \frac{6F_C}{r\rho D_p}} \tag{1-8}$$

式中：$F_C$ 为单位渣层表面积下焦炭沉积速率，$kg/(m^2/s)$；$\rho$ 为颗粒密度，$kg/m^3$；$D_p$ 为焦炭颗粒直径，m；$\theta$ 为焦炭颗粒覆盖的面积与总渣层表面积的比值；$r$ 为焦炭消耗速率，$s^{-1}$。

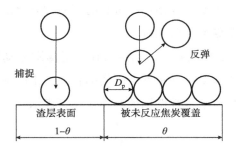

图 1-4　渣层表面覆盖了部分未燃尽碳颗粒时的捕捉模型[102]

　　Shimizu 和 Tominaga 通过实验模拟了气化条件，在 1350℃ 的熔融态渣层上测量了焦炭颗粒的捕捉概率，实验数据与采用简化模型计算的结果吻合较好。他们提出的简化模型考虑了焦炭反应对捕捉概率的影响，但未考虑影响颗粒沉积的其他因素如粒径、颗粒运动速度和颗粒入射角等。

　　Li 等[110,111] 在滴管炉上研究了颗粒碰撞到壁面后的行为，认为当颗粒碳转化率达到一定值后，颗粒中的矿物质将完全暴露出来形成丰富的多孔结构物质。随后矿物质变为熔融状态，在高温状态下形成黏性表面，大幅度提高颗粒的捕捉效率。基于 Li 等提出的理论，Bi 等[112] 引入碳转化率来计算颗粒捕捉概率，将颗粒捕捉概率和碳转化率用多段函数联系起来。

　　(2) 颗粒捕捉判定准则

　　黏附概率计算模型通过计算被壁面黏附的颗粒质量流率来考虑颗粒黏附，而颗粒捕捉判定准则则针对每一个颗粒判定其与壁面碰撞后的命运：反弹或黏附。

　　Mao 等[103] 将"最大反弹能"的概念引入颗粒碰撞反弹准则中，碰撞后的液滴在发生变形和平铺后，额外的表面能可以使液滴恢复最初的球形和初始直径。通过建立碰撞前后的能量守恒方程即可得到反弹模型：

$$E^* = \frac{1}{4}\left(\frac{d_m}{D}\right)^2 (1-\cos\theta) - 0.12\left(\frac{d_m}{D}\right)^{2.3} (1-\cos\theta)^{0.63} + \frac{2}{3}\left(\frac{D}{d_m}\right) - 1 \quad (1-9)$$

式中：$d_m/D$ 为最大铺展直径；$\theta$ 为接触角。当 $E^* < 0$ 时，液滴将黏附在壁面。倪建军等[86,113] 引入反弹模型分析了壁面温度、熔渣温度、碰撞角度和速度及碰撞颗粒粒径对碰撞结果的影响。结果表明，除壁面温度对碰撞结果的影响很小

外，其他参数都决定着颗粒是否能被壁面黏附。

Yong[78]建立了颗粒捕捉判定准则，该准则与求取颗粒捕捉概率的模型不同，该准则区分了渣层表面/壁面和颗粒表面的状态，并考虑入射颗粒的速度和角度，引入了无量纲参数 Weber 数，通过比较颗粒的动能和渣 - 颗粒界面张力来判断颗粒与壁面碰撞后是被捕捉还是被反弹。

Chen 等[104,105]则引入颗粒的碳转化率来建立颗粒捕捉判定准则。Chen 认为颗粒是否被捕捉不仅与颗粒和壁面的温度有关，还与颗粒的碳转化率有关，并根据壁面状态将其分为没有渣层存在和有渣层存在两种情况来考虑颗粒碰撞后的状态。当壁面没有渣层存在时，如果耐火材料表面温度高于灰渣临界黏度温度，或颗粒温度高于灰渣临界黏度温度且颗粒的碳转化率高于临界颗粒碳转化率，颗粒即被捕捉。Chen 针对烟煤的研究表明，推荐临界颗粒碳转化率可取值为 0.88。当壁面已有渣层存在(壁面网格内熔渣的体积分数大于 0.5)时，只要颗粒碳转化率大于临界颗粒碳转化率，颗粒即被捕捉。

由于煤灰颗粒与壁面相互作用的复杂性，影响颗粒与壁面碰撞后状态的因素有很多，因此，仍需深入研究以提出一个更综合精确的颗粒黏附概率计算模型或颗粒捕捉判定准则。

### 2. 熔渣流动

为研究燃烧器壁面熔渣的流动，Reid 和 Cohen 将完全处于液态的渣即温度高于临界温度的液态渣当作牛顿流体，低于临界温度的流体当作宾汉塑性流体，由于塑性流体黏性非常高，可忽略其流动[85]。Johnson 考虑熔渣中未熔融煤灰颗粒的影响，将所有温度范围内的熔融态渣当作宾汉塑性流体，难以评估渣层内部的切应力。Ni 等[86]认为熔渣的相变温度为煤灰的流动温度，当熔渣温度高于临界黏度温度时，熔渣流动按照牛顿流体处理，当熔渣温度介于流动温度与临界黏度温度之间时，熔渣黏度较高，按照塑性流体处理。在将液态渣当作牛顿流体的基础上，通过建立熔渣流动方程或重构液态渣层自由表面等方法来考察熔渣流动。

Seggiani[72]针对气化炉提出了一维非稳态流动模型描述壁面开始有颗粒黏附到壁面到渣层稳定流动的过程，通过对壁面每一个计算单元建立质量守恒方程和动量守恒方程来求解熔渣的流动。在非稳定状态，每一个计算单元的质量守恒方程为：

$$\rho \frac{\mathrm{d}\delta_i}{\mathrm{d}t} = \frac{m_{\mathrm{in},i} + m_{\mathrm{ex},i-1} - m_{\mathrm{ex},i}}{A_i} \quad (1-10)$$

式中：$\rho$ 为熔渣密度，$kg/m^3$；$\delta$ 为液态渣层厚度，m；$t$ 为时间，s；$m$ 为单元格内液态渣质量流率，$kg/(m^3 \cdot s)$；$A$ 为单元格面积，$m^2$。

熔渣在距离渣 – 气流界面 $x$ 位置处的动量守恒方程如下：

$$\begin{cases} \dfrac{d}{dx}\left( \mu \dfrac{du}{dx} \right) = -\rho g\cos\beta \\ x = 0, \ \dfrac{du}{dx} = 0 \\ x = \delta_1, \ u = 0 \end{cases} \quad (1-11)$$

式中：$u$ 为液态渣流动速度，m/s；$g$ 为重力加速度，$m/s^2$；$\beta$ 为壁面倾斜角，(°)。

Seggiani[72]引入了渣层厚度与温度呈一次方关系即求得液态渣流动速度和质量流率的解析解。

汪小憨等[31,45]在 Seggiani[72]的非稳态模型的基础上，建立了一维熔渣流动稳态模型，对液态渣内微元进行受力分析，如图 1 – 5 所示。微元力平衡可表达为：

$$\begin{cases} -(S+dS)dx \cdot 2\pi r + Sdx \cdot 2\pi(r+dr) = \rho_s g\sin\alpha \cdot drdx \cdot 2\pi r \\ r = 0, \ u = 0 \\ r = \delta, \ S = S_m \end{cases} \quad (1-12)$$

式中：$S_m$ 为渣层表面切应力。

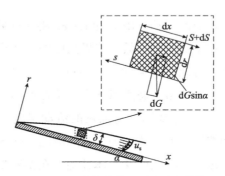

**图 1 – 5　液态渣微元受力分析[31]**

Yong[78]也在 Seggiani、汪小憨等提出的熔渣流动模型基础上进行了完善，认为渣层表面的切应力由颗粒的动能转化而来，并给出了计算式，假定渣层内部的温度分布符合三次方规律，通过积分即可得到熔渣流动速度和厚度的解析解。Yong 等建立的熔渣流动模型将在 5.4 节进行详细介绍。熔渣流动模型应用及评价见表 1 – 2。

表 1 – 2　熔渣流动模型应用及评价

| 分类 | 模型 | 提出者 | 应用 | 评价 |
|---|---|---|---|---|
| 建立守恒方程 | 一维非稳态 | Seggiani[72] | Li 等[114]，毕大鹏等[117] | 应用广泛，为降低计算量，一般将壁面分为 $n$ 个单元，且认为渣层厚度与温度为线性关系，仅能给出较合理的预测值 |
| | 一维稳态 | 汪小憨[31]，Yong 等[74] | Chen 等[87] | 应用广泛，Yong 等[74]引入渣层温度与厚度的三次方关系，计算结果合理 |
| VOF | 二维/三维非稳态 | 商业软件 | 倪建军[113]，刘升[69]，Chen 等[105] | 计算量大，适合基础研究 |

### 3. 渣层传热

熔渣在液态排渣燃烧装置内的沉积会对壁面的传热产生影响。有学者从热流率的角度进行研究，如 Hanson 等[118]通过观测炉壁温度的变化来考虑热流率的变化。还有学者从渣层的生长来考虑贴壁熔渣对传热的影响，如 Walsh 等[101]通过计算颗粒碰撞后的黏附率来求解灰渣层厚度的增长，Richards 等[106]通过热流分布、颗粒撞击速率、煤中灰成分的含量和分布来预测渣膜的生长。刘升[69]追踪渣层和气体之间的自由界面并考虑渣层的传热和相变，分析了壁面总渣层厚度和固态渣层厚度的分布及其对壁面换热的影响。徐明厚等[119]考虑壁面渣层的存在会影响炉壁的热流分布并改变炉内的温度分布，引入了"有效热阻"（将渣层和水冷壁管的传热热阻视为一个整体）的概念，修改了辐射传热模型。数值模拟结果表明，引入"有效热阻"后，壁面的热流密度与实验值吻合得更好。

也有学者通过建立能量守恒方程并引入液态渣内部温度分布来求取渣层界面温度和通过渣层的热流，Seggiani 假设渣层内部温度按线性分布，Yong[78]则提出渣层内部分布满足三次方规律。

Seggiani[72]提出的非稳态能量守恒方程如下：

$$\rho c \frac{d(T_i \delta_i)}{dt} - \rho \frac{d(\delta_{s,i})}{dt} q_f = q_{in,i} - q_{out,i} + \frac{m_{in,i} c T_{g,i} + q_{ex,i-1} - q_{ex,i}}{A_i} \quad (1-13)$$

式中：$q_f$ 为固态渣熔化成液态渣吸收的热量；$q_{in,i}$ 为空间传递到渣层表面的热量；$q_{out,i}$ 为通过渣层的热量；$q_{ex,i}$ 为 $i$ 单元格内渣层携带的热量；$\delta_i$ 为 $i$ 单元格液态渣层厚度；$\delta_{s,i}$ 为 $i$ 单元格固态渣层厚度。

Yong 等在 Seggiani 能量守恒方程的基础上建立了稳态的能量守恒方程,见 5.5 节。

4. 附壁燃烧

被壁面捕捉的颗粒可能以某一较低的速率气化或者燃烧。学者们提出了皱缩反应模型、多孔介质模型等来描述颗粒在渣层表面的燃烧。Noda 等[120] 将被捕捉颗粒的燃烧速率与颗粒表面积减少联系起来。汪小憨等[31,45] 采用了 Noda 等的观点,认为燃烧只发生在颗粒外表面,燃烧导致外表面皱缩,内表面保持不变,并建立了皱缩反应模型模拟颗粒的燃烧。汪小憨等提出了颗粒的有效直径、有效表面积及有效温度的计算方法,通过计算单颗粒的特征参数得到单颗粒附壁燃烧时挥发分释放速率和焦炭燃烧速率,并作为源相带入挥发分热解模型和焦炭表面燃烧模型中求解。单颗粒沉积到渣层表面如图 1-6 所示。颗粒的一部分侵入渣层,颗粒的有效表面积 $A_{eff}$ 为露出渣层的颗粒表面的面积:

$$A_{eff} = 4\pi R^2 - 2\pi R(-\sqrt{R^2 - a^2} + R) = 2\pi R(\sqrt{R^2 - a^2} + R) \qquad (1-14)$$

通过积分得到有效体积 $V_{eff}$ 为:

$$V_{eff} = \frac{1}{3}\pi(2R^3 - 2R^3\sqrt{R^2 - a^2} - a^2\sqrt{R^2 - a^2}) \qquad (1-15)$$

$$a = \sqrt{\frac{2\gamma R}{3Y}} \qquad (1-16)$$

式中:$R$ 为颗粒半径,m;$a$ 为颗粒的接触半径,m,根据 Johnson 等[121] 和 Maugis 等[122] 的研究成果给出计算公式;$\gamma$ 为颗粒表面能,N/m;$Y$ 为屈服强度,Pa。

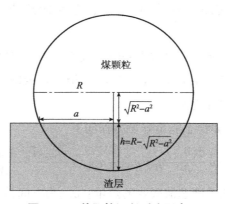

图 1-6 单颗粒沉积到渣层表面

煤颗粒通常也被认为是多孔介质,反应不只发生在颗粒外表面,还发生在颗粒内表面，且主要发生在颗粒内表面[123]。为了考虑进入多孔介质颗粒内表面的通道减少引起的反应物运动距离的增加，Yong 和 Ghoniem[73] 提出了多孔介质模型，引入修正的有效扩散率 $D_{mod}$：

$$\begin{cases} D_{mod} = D_{eff}\left(\dfrac{\sigma_{corr}}{\tau_{corr}}\right) = \left(\dfrac{D_{bulk}\varphi\sigma_c}{\tau}\right)\chi_{corr} \\ \chi_{corr} = \dfrac{\sigma_{corr}}{\tau_{corr'}} \end{cases} \quad (1-17)$$

式中：$D_{bulk}$ 为反应物扩散系数；$\varphi$ 为颗粒空隙率；$\sigma_c$ 为收缩系数；$\tau$ 为弯曲度；$\chi_{corr}$ 为有效扩散修正系数。

Yong 将采用修正有效扩散率的多孔介质模型的计算结果与直接数值模拟（Direct Numerical Simulation，DNS）的结果进行比较，结果表明，针对多种颗粒沉积比例，采用多孔介质模型的结果与 DNS 模拟的结果均吻合较好，验证了模型的正确性。

Shen 等[124,125] 采用高温显微镜观察熔融渣层表面被捕捉颗粒的燃烧，通过对燃烧指标的分析认为熔融态渣层的存在降低了焦炭的反应速率，表明被捕捉颗粒的燃烧受到熔融态渣层的阻碍。Shen 等提出了皱缩颗粒模型预测碳转化率为 0.9 的颗粒燃烧时间。Xu 等[116] 也提出了采用有限反应时间的壁面反应模型来模拟渣层表面的多相燃烧。沉积到渣层表面颗粒的反应非常复杂，目前虽然提出了多种理论描述渣层壁面燃烧，但如何准确描述渣层表面反应还有待进一步研究。

综上所述，在研究熔渣壁面行为方面进行了大量的研究工作，主要包括对熔渣沉积过程中的各个子过程建立模型、研究各影响因素对熔渣流动及渣层传热特性的影响等。学者们的研究主要针对近年来迅速发展的气化炉，而未见针对旋风燃烧锅炉的熔渣壁面行为的研究。

## 1.2.3 熔渣物性参数

熔渣的物性参数主要包括渣的密度、表面张力、临界黏度温度、黏度、比热容、导热系数和灰渣热辐射系数等。临界黏度温度仅与灰渣的化学组成有关，而其他物性参数与温度和灰渣的化学组成有关，灰渣中的化学组成影响灰渣的物性[126]，进而影响熔渣流动及渣层的传热特性，Lee 等[127] 通过分析灰渣成分来预测颗粒沉积。Mills 和 Rhine[128]、Vargas 等[129] 和 Urban 等[130] 对熔渣的各物性进行了研究，并已取得丰硕的研究成果。

## 1.2.4 旋风燃烧锅炉氮氧化物生成特性

研究表明，在强还原气氛中的高温燃烧可以实现超低 $NO_x$ 的生成[131,132]。高温可以促进焦炭在还原气氛中气化产生大量的 CO 和 $C_xH_y$。$C_xH_y$ 将进一步增强 $NO_x$ 的均匀还原[133,134]，CO 可以增强焦炭对 $NO_x$ 的非均匀还原[135-138]。Taniguchi 等[134,139]研究表明，在空气分级条件下，随着富燃料区温度的升高，可以有效降低 $NO_x$ 的生成。Bai 等[140]研究发现，当温度为 1600℃，富燃料区的化学计量比（$SR$）为 0.7 时，烟煤和无烟煤燃烧产生的 $NO_x$ 分别低于 $150mg/m^3$ 和 $360mg/m^3$。Zhu 等[138]分别研究了燃料型 $NO_x$ 和热力型 $NO_x$ 的生成，结果表明，高温燃烧不会因 $O_2$ 浓度不足而在低 $SR$ 下生成高的热力型 $NO_x$。在高温下，N 的释放主要以挥发性 N 的形式存在，在还原气氛中，C、$C_xH_y$ 和 CO 可以很容易地将其还原。因此，高温和强还原气氛下可以获得超低的 $NO_x$ 生成。煤粉燃烧锅炉和循环流化床锅炉难以同时实现强还原气氛和高温条件，而旋风燃烧锅炉可以很容易地同时实现这两种条件，有望实现超低 $NO_x$ 的生成[141-143]。目前大多数与 $NO_x$ 生成有关的研究都是在一维滴管炉中进行的，无法直接指导旋风筒中强烈旋流燃烧的情况。

Krasinsky 等[38,39]在设计的旋风燃烧炉中对空气动力场进行了研究，并表征了气流的涡流特性，但他们没有关注 $NO_x$ 的生成。美国能源部国家能源技术实验室（DOE/NETL）报告称，当使用空气分级燃烧时，138MW 旋风炉的 $NO_x$ 形成可减少 52%[4]。B&W 公司[5-7]的研究表明，当 $SR$ 降低到 0.7 时，$NO_x$ 的生成可以有效降低到 108ppm。朱涛等[144]研究表明，分级燃烧可以有效降低旋风筒中 $NO_x$ 的生成。虽然这些研究都表明旋风燃烧能获得较低的 $NO_x$ 生成，但未对氮氧化物的生成机制进行探讨。旋风燃烧锅炉中强烈的旋流动力场可能会极大地影响 $NO_x$ 的生成。因此，迫切需要对燃烧特性及其对旋风筒内 $NO_x$ 生成的影响进行深入研究，以揭示旋风燃烧中 $NO_x$ 生成的机理，并进一步提出减少 $NO_x$ 的策略。

# 2 旋风燃烧锅炉热力计算方法及结构设计

## 2.1 旋风燃烧锅炉热力计算方法

旋风燃烧锅炉的燃烧方式显著不同于煤粉炉和循环流化床燃烧锅炉，旋风燃烧锅炉由旋风筒和主炉膛组成，旋风筒内的煤粉颗粒在强烈旋转气流的作用下燃烧，煤粉燃尽后形成的灰颗粒呈熔融状态，以液态渣的形式从排渣口排出。因此，旋风燃烧锅炉内的主要燃烧和少量热交换发生在旋风筒。未燃尽烟气和煤粉颗粒的燃烧以及主要热交换发生在主炉膛，且由于采用液态排渣，旋风燃烧锅炉主炉膛内的颗粒数目减少。因此，对旋风燃烧锅炉进行热力计算时，应重点考虑采用液态排渣的旋风筒内的热力计算，旋风燃烧锅炉主炉膛内的热力计算应重点考虑颗粒数目减少对辐射传热的影响，而旋风燃烧锅炉主炉膛出口烟窗后的对流受热面计算可沿用常规煤粉锅炉对流受热面的传热计算方法。

液态排渣炉的炉内换热计算方法的研究相对于其他燃烧方式较少，鲁宾（М. М. Рубин）、古尔维奇（А. М. Гурвич）、勃洛赫（А. Г. Блох）和米罗诺夫（Б. М. Миронов）等通过修正炉膛换热公式中的相关系数进行液态排渣炉的换热计算。考虑液态排渣是旋风燃烧锅炉的重要特点，渣层对传热的影响非常重要，利丁内格（M. Ledinegg）、雷德（W. Reid）、科南（P. Conen）、多利查尔（R. Dolezal）、顿斯基（В. Д. Дунский）、马尔沙克（Ю. Л. Маршак）等考虑壁面渣层的厚度、物性及换热过程，提出了旋风筒内换热的计算方法。

## 2.2 某 220t/h 旋风燃烧锅炉的结构设计

车得福教授课题组提出了新一代低 $NO_x$ 旋风燃烧技术，如图 2-1 所示。通过在旋风筒内创造高温强还原性气氛将燃料燃烧过程中生成的 $NO_x$ 还原，并将 OFA 喷口布置在主炉膛，可以解决旋风燃烧锅炉污染物排放量高的难题，并设计了采用低 $NO_x$ 旋风燃烧技术的 220t/h 新型煤粉旋风燃烧锅炉。

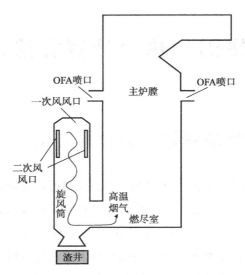

图 2 - 1　新一代低 $NO_x$ 旋风燃烧技术

某 220t/h 新型煤粉旋风燃烧锅炉包括两个立式旋风筒，每个旋风筒的截面热负荷为 18669kW/m²，容积热负荷为 2029kW/m³。按照旋风筒设计手册推荐值，将旋风筒相对长度（旋风筒的高度与直径之比）选取为 4.5，旋风筒高 9.2m，直径为 2.0m，两个旋风筒并列排布在旋风燃烧锅炉主炉膛的一侧。主炉膛高 25.3m，宽 5.4m，深 8.2m。为了在旋风筒内创造高温强还原气氛以控制氮氧化物的排放，旋风筒内的 SR 为 0.8。立式旋风筒是一个向下流动的燃烧器，采用热风送粉、轴向进煤的方式，即一次风携带煤粉经过旋风筒顶部喷燃器的旋流叶片进入旋风筒。二次风从沿旋风筒周向对称布置的两个二次风风口割向进入旋风筒，割向进入的二次风在旋风筒内创造强烈旋转的气流，使煤粉燃烧产生的高温烟气在旋风筒内旋转前进。随后，高温烟气依次经过凝渣管束、燃尽室进入主炉膛，再经过旋风燃烧锅炉的各级受热面。该旋风筒采用水冷方式，水冷壁内布置销钉并敷设耐火材料。

旋风筒在设计工况下的主要运行参数和结构参数见表 2 - 1。旋风筒设计煤种紫金煤的元素分析和工业分析见表 2 - 2。假设煤粉粒径分布符合 Rosin - Rammler 规律，煤粉颗粒粒径分布的相关参数见表 2 - 3。

表2-1 旋风筒运行参数和结构参数

| 项目 | 单位 | 数值 |
|---|---|---|
| 一次风风口质量流量 | kg/s | 5.06 |
| 一次风温度 | K | 343 |
| 一次风量空气系数 | — | 0.18 |
| 一次风风口面积 | m² | 0.428 |
| 单个二次风风口质量流量 | kg/s | 8.72 |
| 二次风温度 | K | 673 |
| 二次风量空气系数 | — | 0.62 |
| 二次风风口面积 | m² | 0.183 |
| 过量空气系数 | — | 0.80 |
| 煤粉质量流量 | kg/s | 2.93 |
| 水冷壁内工质压力 | MPa | 15 |
| 水冷壁内工质饱和温度 | K | 615 |

表2-2 紫金煤的元素分析和工业分析

| 元素分析(收到基) | | | | | 工业分析 | | | |
|---|---|---|---|---|---|---|---|---|
| C/% | H/% | O/% | N/% | S/% | $V_d$/% | $A_d$/% | $FC_d$/% | $Q_{net,ar}$/(MJ/kg) |
| 64.68 | 3.72 | 12.33 | 0.77 | 0.58 | 33.16 | 4.11 | 62.73 | 24.64 |

表2-3 煤粉颗粒粒径分布的相关参数

| 项目 | 单位 | 数值 |
|---|---|---|
| 小于200目 | % | 73.88 |
| 小于400目 | % | 47.19 |
| 最大颗粒粒径 | μm | 200 |
| 最小颗粒粒径 | μm | 10 |
| 煤粉平均粒径 | μm | 57.5 |
| 颗粒均匀性系数 | — | 1.11 |

# 3　旋风燃烧锅炉燃烧特性实验研究

在旋风筒内创造高温强还原气氛有利于获得较低的氮氧化物生成，但在高温强还原气氛下旋风燃烧锅炉的燃烧特性尚不清晰，因此，本章在 100kW 旋风自持燃烧实验平台上进行相关实验，从温度分布、组分浓度分布和排渣特性等角度探讨了旋风燃烧锅炉的燃烧特性。

## 3.1　旋风燃烧锅炉实验系统

旋风燃烧锅炉实验系统主要由炉膛、送风系统和给料系统、烟气处理系统、取样与分析系统组成，如图 3-1 所示。三维模型和实物如图 3-2 所示。实验系统的详细信息如下。

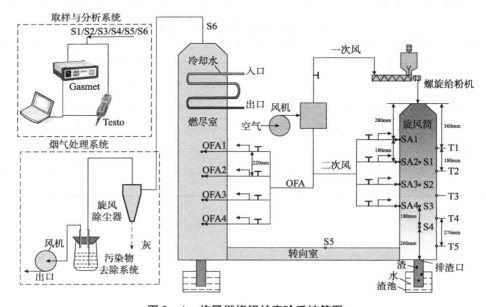

**图 3-1　旋风燃烧锅炉实验系统简图**

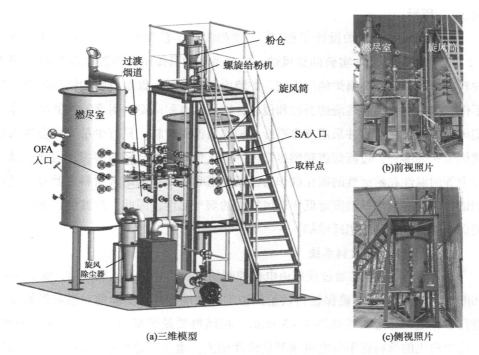

(a)三维模型　　　　　　　　　　　　(c)侧视照片

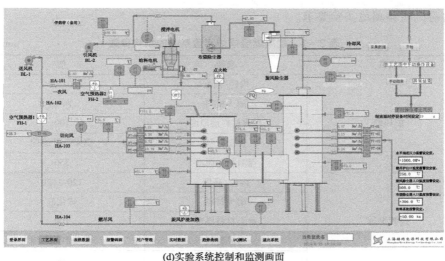

(d)实验系统控制和监测画面

**图3-2　旋风燃烧锅炉的三维模型及实物**

（1）炉膛

炉膛由旋风筒、过渡烟道和燃尽室组成。旋风筒底部设有渣池，用于收集从出渣口排出的炉渣。旋风除尘器布置在燃尽室出口，用于收集飞灰颗粒，如

图 3 - 2 所示。

　　参考旋风燃烧锅炉设计手册[145]，按照模化实验要求，将实际旋风炉按照 7 : 1 的比例来设计本实验的旋风炉，实验系统的具体结构参数见表 3 - 1。耐火材料布置在旋风燃烧锅炉的向火侧。炉墙由耐火材料、保温材料和钢板组成。为了保护炉壁不受高温熔渣的磨蚀和侵蚀，选用具有耐高温、耐磨特性的刚玉作为旋风筒的耐火材料，并采用莫来石纤维棉作为保温材料。只有少量飞灰会流入过渡烟道和燃尽室，过渡烟道和燃尽室内的耐火材料可能会轻微磨损，因此选择具有中等耐温性和耐磨性的碳化硅作为过渡烟道和燃尽室的耐火材料。此外，过渡烟道和燃尽室的烟气温度远低于旋风筒内的烟气温度，因此，过渡烟道和燃尽室的保温材料选择碳酸铝纤维棉。

　　(2)送风系统和给料系统

　　干燥后的煤粉颗粒通过顶部由电机控制的螺旋给粉机送入旋风筒，如图 3 - 1 和图 3 - 2 所示。为了确保燃料供给的稳定性和准确性，实验前对燃料供给速率进行了标定，标定曲线如图 3 - 3 所示。在燃料质量流量为 5 ~ 20kg/h 范围内，螺旋给粉机的给料速率与电机频率呈线性相关，重复误差很小( ±3% )，表明螺旋给粉机能够满足实验要求。

表 3 - 1　旋风燃烧锅炉实验系统的结构参数　　　　　　　mm

| 项目 | 参数 | 值 |
|---|---|---|
| 旋风筒 | 内径/高度 | 280/1260 |
| | 耐火材料 | 刚玉 |
| | 耐火材料层厚度 | 100 |
| | 保温材料 | 莫来石纤维棉 |
| | 保温材料厚度 | 350 |
| 过渡烟道 | 内径/高度 | 120/1820 |
| | 耐火材料 | 碳化硅 |
| | 耐火材料厚度 | 100 |
| | 保温材料 | 碳酸铝纤维棉 |
| | 保温材料厚度 | 200 |
| 燃尽室 | 内径/高度 | 450/1800 |
| | 耐火材料 | 碳化硅 |
| | 耐火材料厚度 | 100 |
| | 保温材料 | 碳酸铝纤维棉 |
| | 保温材料厚度 | 200 |

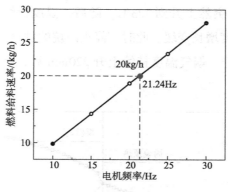

**图 3 - 3　给料标定曲线**

空气由高压风机送入，一次风风口和二次风风口的布置如图 3 - 2 所示。一次风从设置在旋风筒顶部的一次风入口送入旋风筒。二次风切向进入旋风筒，在旋风筒内产生强烈的旋流。沿旋风筒高度布置 4 层、每层 2 个切向的二次风（SA）入口。沿燃尽室高度布置 4 层、每层 2 个相对布置的 OFA 入口。空气质量流量由涡街流量计测量，根据实验条件通过调节阀门来改变空气流量，实时空气流量及控制界面如图 3 - 2(d)所示。

(3)烟气处理系统

为了保护引风机不受高温烟气的损坏，在燃尽室顶部设置水冷管，用于冷却高温烟气。旋风除尘器能有效收集烟气中的飞灰，经除尘和简易烟气污染物处理后的烟气，经引风机排入大气。

(4)取样与分析系统

为了获得旋风筒内的温度分布，沿着旋风筒高度在侧面布置 5 个温度测量点，采用 B 型热电偶测量，热电偶标记为 T1、T2、T3、T4 和 T5(见图 3 - 1)。另外，4 个取样口沿旋风筒高度均匀布置，2 个取样口分别布置在过渡烟道和燃尽室顶部。利用取样枪从采样口提取烟气，通过烟气分析设备(Gasmet 和 Testo)在线分析烟气成分(NO、$O_2$ 和 CO)。

## 3.2　实验步骤和工况

如图 3 - 4 所示，在实验之前，燃烧丙烷来预热炉膛。丙烷燃烧后，烟气温度从初始温度(440℃)突然上升到723℃。随后,温度持续上升约240min。当温度达到1170℃时,温度增长变缓。此时,停止丙烷的供给,送入煤粉。煤粉燃烧后,烟气温度迅速上升。烟气温度持续上升220min后,烟气温度稳定在1420℃左右。

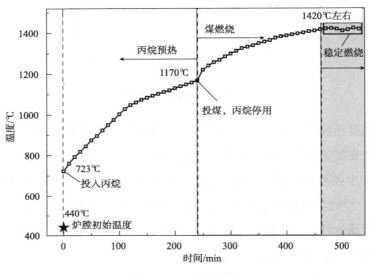

图3-4 升温曲线

旋风筒的截面热负荷设计值为1.71MW/m²,当煤粉质量流率为20kg/h,SR为1.1(空气质量流率为123m³/h)时,旋风燃烧锅炉的热功率为100kW。本研究选择SR为0.8时的工况作为参考工况,通过调节送风机和引风机阀门,将炉膛负压控制在-50~-100Pa范围内。实验工况的主要参数见表3-2,本研究选择红沙泉煤,煤质参数见表3-3。红沙泉煤的灰熔融温度低于1200℃,是低灰熔点煤,在旋风筒内燃烧时容易形成熔渣。

表3-2 实验工况的主要参数

| 项目 | 单位 | 值 |
| --- | --- | --- |
| 煤 | — | 红沙泉煤 |
| 煤粉质量流率 | kg/h | 20 |
| 总SR | — | 1.05,1.1(参考工况),1.2 |
| 旋风筒SR | — | 0.7,0.8(参考工况),0.9,1.1 |
| 一次风率 | — | 0.2,0.3(参考工况),0.4 |

| 项目 | 单位 | 值 |
|---|---|---|
| 总空气质量流率 | m³/h | 123 |
| 一次风质量流率 | kg/h | 36.9 |
| 第一层二次风质量流率 SA1 | kg/h | 26.3 |
| 第二层(或第三层)二次风质量流率 SA2(或 SA3) | kg/h | 26.3 |
| 第四层二次风质量流率 SA4 | kg/h | 0 |
| 第一层燃尽风质量流率 OFA1 | kg/h | 16.8 |
| 第二层燃尽风质量流率 OFA2 | kg/h | 16.8 |
| 第三层(或第四层)燃尽风质量流率 OFA3(或 OFA4) | kg/h | 0 |

表 3-3　红沙泉煤煤质分析

| 工业分析(干燥基)/%<br>(质量分数) | 固定碳 | 55.21 | | $SiO_2$ | 39.77 |
|---|---|---|---|---|---|
| | 挥发分 | 35.99 | | $Al_2O_3$ | 16.73 |
| | 灰分 | 8.80 | | $Fe_2O_3$ | 13.93 |
| 元素分析(干燥基)/%<br>(质量分数) | C | 72.09 | 灰成分/%<br>(质量分数) | CaO | 8.89 |
| | H | 4.20 | | MgO | 5.55 |
| | O | 13.44 | | $Na_2O$ | 5.34 |
| | N | 0.98 | | $K_2O$ | 0.61 |
| | S | 0.49 | | $TiO_2$ | 0.95 |
| | | | | $SO_3$ | 7.47 |
| 低位发热量(干燥无灰基)/(MJ/kg) | | 27.40 | 灰熔点/℃ | 变形温度,DT | 1096 |
| 粒径分布 | 平均粒径/μm | 49.13 | | 软化温度,ST | 1107 |
| | $D_{90}$/μm | 110.4 | | 流动温度,FT | 1114 |

## 3.3　分析方法

为便于分析,将烟气分析仪测得的 NO 浓度值($\mu$L/L)转换为相应的 $NO_2$ 浓度值($mg/m^3$),计算公式如式(3-1)所示:

$$NO_2(mg/m^3) = C_{NO} \times \frac{M_{NO_2}}{M} \qquad (3-1)$$

式中：$C_{NO}$ 为测得的 NO 组分浓度，$\mu L/L$；$M_{NO_2}$ 为 $NO_2$ 的摩尔质量，g/mol；$M$ 为气体摩尔体积，L/mol。

为了分析旋风筒内旋流强度对燃烧特性的影响，将旋风筒中的无量纲旋流强度表示为：

$$\Omega^* = \frac{8\overline{w}R_{sw}}{\pi D \,\overline{u}} \qquad (3-2)$$

式中：$\overline{w}$ 和 $\overline{u}$ 为平均切向速度和轴向速度，m/s；$R_{sw}$ 为旋流半径，m；$D$ 为旋风筒直径，m。

## 3.4　旋风燃烧锅炉的燃烧特性

### 3.4.1　旋风筒内的温度分布

旋风燃烧锅炉的燃烧主要发生在旋风筒，旋风筒内的温度分布能体现旋风筒内的燃烧特性，也会对 $NO_x$ 的生成和炉渣行为有显著影响。基准工况下旋风筒内的温度分布(总 $SR$ 为 1.1，旋风筒 $SR$ 为 0.8，一次风率为 0.3)如图 3-5 所示。沿着旋风筒高度方向，温度逐渐从 1363℃(T1)升高到峰值(1373℃，T2)，然后逐渐降至 1353℃(T4)，如图 3-5(a)所示。二次风的引入将使煤粉颗粒剧烈燃烧，从而使 T2 测量到最高的烟气温度。随着 $O_2$ 的逐渐消耗，在旋风筒 $SR<1$ 的条件下，旋风筒下部将处于贫氧气氛，由于煤粉的气化反应是吸热反应，因此烟气温度略有下降。此外，为了研究旋风筒中的径向温度分布，在取样点 T2 高度处距离旋风筒壁径向 90mm、70mm、50mm 和 30mm(标记为 T21、T22、T23 和 T24)处测量温度。径向温度分布如图 3-5(b)所示，烟气温度从 1365℃(T24)上升到 1373℃(T23)，然后下降到 1354℃，最高温度出现在距离旋风筒壁 50mm 处。由于大部分煤粉颗粒在强烈离心力的作用下被卷吸到靠近旋风筒壁面的区域，该区域有相对充足的 $O_2$。因此，在旋风筒中形成了温度相对较低的中心区域和温度相对较高的近壁区域，旋风筒壁面附近的高温将有利于渣层的形成，这是旋风炉安全运行的关键。

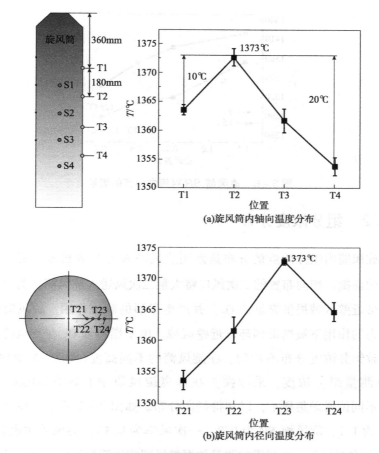

(a)旋风筒内轴向温度分布

(b)旋风筒内径向温度分布

**图3-5 旋风筒内的温度分布**

不同旋风筒 *SR* 条件下旋风筒中心和排渣口附近的烟气温度如图3-6所示。当旋风筒 *SR* 从1.1降低到0.7，由于缺氧抑制了煤的燃烧，旋风筒中心和排渣口附近的烟气温度大大降低，分别降低了82℃和87℃。当旋风筒 *SR* 为0.7时，旋风筒中心和底部的烟气温度也可达到1338℃和1288℃，均高于研究煤种的灰熔融温度，能够保证顺利流渣。另外，当旋风筒 *SR* 分别为0.8和0.7时，旋风筒出口烟气中的 CO 浓度分别为130μL/L 和2790μL/L。因此，综合考虑旋风筒的燃尽特性和 NO$_x$ 生成特性，当旋风筒 *SR* 为0.8时，认为旋风筒的不完全燃烧损失可接受。在此前提下，第6章将进一步研究旋风筒的 NO$_x$ 生成特性。

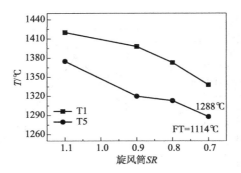

图 3 - 6  旋风筒 *SR* 对筒内温度的影响

## 3.4.2  组分浓度分布

研究旋风筒内组分浓度的分布是阐明旋风炉 $NO_x$ 生成机理并提出有效 $NO_x$ 还原策略的前提。切向布置的二次风口将大量二次风送入旋风筒,为靠近旋风筒壁面的环形近壁区域提供充足的 $O_2$,并产生强烈的旋流作用。旋风筒中的燃料将在离心力的作用下被携带到环形近壁区域。由于燃料和 $O_2$ 在旋风筒内分布不均匀,导致组分浓度分布不均匀。在旋风筒的不同高度(图 3 - 1 中的 S1、S2、S3 和 S4)测量组分浓度,采样探头在远离旋风筒中心轴线(0mm、50mm 和 90mm)的不同位置采集样本,以获得径向分布。如图 3 - 7 所示,在参考工况下(总体 *SR* 为 1.1,旋风筒 *SR* 为 0.8,一次风率为 0.3),旋风筒主燃区内 $NO_x$、$O_2$ 和 CO 的浓度分布,将获得的测量数据扩展到旋风筒的纵向截面并绘制等高线图,以更好地分析组分浓度分布特征。总的来说,$NO_x$ 和 $O_2$ 在环形近壁区域的浓度高于旋风筒中心区域的浓度[见图 3 - 7(a)、(b)],而中心区域的 CO 浓度明显高于环形近壁区域的浓度[见图 3 - 7(c)]。由于环形近壁区域的 $O_2$ 更充足,煤粉颗粒的剧烈燃烧也发生在此区域,因此该区域既是高温区也是高 $O_2$ 浓度区,导致大量 $NO_x$ 生成。为进一步减少 $NO_x$,可以采用二次风多次送入以降低该区域的 $O_2$ 浓度。此外,由于粒径较小的煤粉颗粒和未燃尽烟气会迅速耗尽中心区域的 $O_2$,使 $NO_x$ 还原的主要区域位于旋风筒中下部。扩大还原区有利于还原 $NO_x$,可通过降低一次风的风率和提高二次风的速度来实现。第 6 章将详细分析在旋风炉中应用扩大还原区和降低环形近壁区域 $O_2$ 浓度来减排 $NO_x$ 的两种方法。

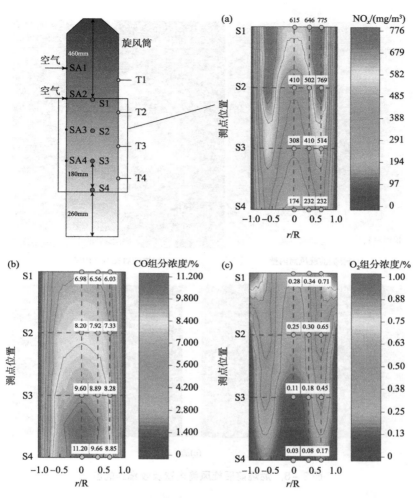

图 3-7　组分浓度分布：(a) NO$_x$；(b) CO 和 (c) O$_2$

## 3.5　旋风燃烧锅炉的排渣特性

在强烈的旋流作用下，大部分粒径较大的熔融颗粒会沉积在旋风筒内壁面上，进一步形成渣层，从旋风筒底部的排渣口排出。燃烧前后旋风筒内壁如图 3-8(a)、(b)所示。燃烧前，旋风筒内壁是光滑的；燃烧后，旋风筒内壁上有熔渣黏附，渣在重力作用下从旋风筒顶部向下流动。

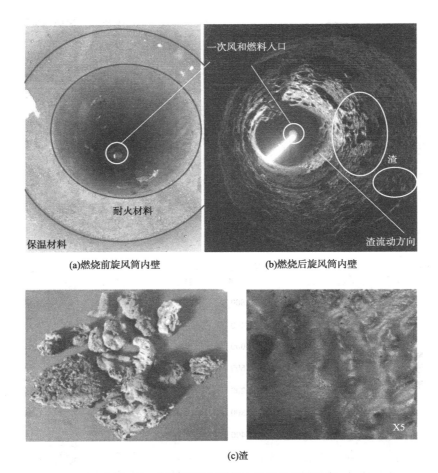

(a)燃烧前旋风筒内壁　　　　　　　(b)燃烧后旋风筒内壁

(c)渣

**图3-8　燃烧前后旋风筒内壁及收集到的渣**

　　炉渣是从渣池和旋风筒内壁收集的，其形态如图3-8(c)所示，可以清楚地看到炉渣经过了高温熔融过程。此外，一小部分具有良好跟随能力的小颗粒会跟随烟气进入燃尽室，燃烧产生飞灰颗粒，由旋风除尘器捕获。因此，称量炉渣和飞灰质量，并可根据以下方程计算旋风筒捕渣率：

$$R = \frac{m_{slag}}{m_{coal} \times C_{ash}} \qquad (3-3)$$

式中：$m_{slag}$ 和 $m_{coal}$ 为收集的炉渣和煤的质量，kg；$C_{ash}$ 为煤中灰分的质量分数。B&W公司研究表明，在理想的工况下，旋风燃烧锅炉的捕渣率可达到0.70～0.75。本研究根据式(3-1)计算出的捕渣率为0.7，与B&W公司的研究结果相似。因此，即使在空气分级条件下，旋风筒也可以获得合理的捕渣率。此外，收集的飞灰中未燃尽碳含量为2.8%~5.4%，表明旋风筒在空气分级条件下具有良好的燃尽性能。

## 3.6　本章小结

本章在实验室自行设计搭建的100kW旋风自持燃烧实验系统上对旋风燃烧锅炉的燃烧特性进行了研究，验证了高温深度分级技术应用于旋风燃烧锅炉的可行性，并探讨了旋风深度分级燃烧条件下的燃烧特性，包括温度分布和组分浓度分布特性。研究发现，旋风筒的环形近壁区域是高$O_2$浓度和高温区域，分析了旋风深度分级燃烧方式下$NO_x$减排的促进及制约因素，为进一步提出$NO_x$减排策略提供了理论基础。研究还发现，即使在空气分级的情况下，旋风炉也表现出良好的捕渣率和燃尽性能，旋风筒的捕渣率为0.7，收集的飞灰中未燃碳含量为2.8%~5.4%。

# 4 旋风燃烧锅炉燃烧特性数值模拟

合理组织旋风筒内的空气动力场对旋风筒内的燃烧极其重要，燃料和煤粉颗粒在旋风筒内强烈混合燃烧，产生的高温烟气进入主炉膛燃尽，由于实验研究的局限性，本章将采用数值模拟方法，对某 220t/h 旋风燃烧锅炉的旋风筒和某 87t/h 立式旋风燃烧锅炉主炉膛的燃烧特性进行数值模拟研究。在设计工况下，研究了旋风筒内的空气动力场、温度分布及组分浓度分布；旋风筒的结构参数会影响颗粒的沉积特性和旋风筒内的流动及燃烧特性，因此将研究一次风旋流叶片倾角对旋风筒内流动及燃烧特性的影响；为了得到适合在立式旋风燃烧锅炉内燃烧的颗粒粒径范围，研究了不同粒径颗粒在旋风筒壁面的沉积特性。

## 4.1 旋风燃烧锅炉数值模拟模型

近年来，随着高等燃烧理论、计算流体力学、计算传热学及计算机技术等各学科的发展和进步，数值模拟理论和方法成为发展燃烧技术和指导燃烧装置设计以及性能优化的有力工具。自 Patankar 和 Spalding[146] 首次提出采用数值模拟的方法研究炉膛内的流动过程，国内外相继对煤粉燃烧过程的数值模拟进行研究，逐渐发展了能够模拟大型煤粉锅炉炉内三维气固两相湍流有化学反应的实际燃烧过程的数值计算程序和软件。其中，著名的商用软件如 FLUENT、CFX、PHOE-NICS、STAR - CD 和 PCGC - 3 等。目前，国内外学者已采用商业软件或自主开发的程序针对煤粉燃烧过程进行了数值模拟研究，为电站锅炉的设计和优化提供参考。

煤粉在旋风燃烧锅炉内的燃烧是复杂的多相湍流燃烧，包括气相湍流流动、离散相运动、煤粉颗粒受热分解、挥发分析出、同相燃烧和焦炭异相燃烧以及辐射和对流传热等。对旋风燃烧锅炉进行数值模拟研究，就是利用计算机求解描述煤粉在旋风燃烧锅炉内燃烧的一系列流动、传热传质及化学反应的微分方程组，可得到速度分布、温度分布、组分浓度分布、氮氧化物浓度分布等特性。描述各个子过程的模型有：气相湍流流动模型、气固两相流动模型、非预混燃烧模型、挥发分析出模型、焦炭燃烧模型、辐射传热模型等。计算过程中，模型的选取对准确预测具有重要意义。下面将简要介绍各个子模型。

## 4.1.1　气相湍流流动模型

湍流是一种复杂的三维非稳态且带旋转的不规则运动，描述湍流的各个物理量随着时间和空间发生随机变化。煤粉燃烧期间伴有强烈湍流，使煤粉燃烧的预测变得复杂。模拟气相湍流流动的模型很多，其中雷诺时均湍流模型计算量小，且基本满足工程计算要求，因此应用较为广泛。雷诺时均方程法主要包括雷诺应力方程法和黏性系数法。目前，国内外在模拟煤粉燃烧器内的气相湍流流动时主要采用基于黏性系数法的 $k-\varepsilon$ 双方程模型。该模型是为改善混合长度模型和避免复杂湍流中湍流长度和湍流尺度的代数表示而提出和发展的，通过求解两个分离的输运方程得到湍流长度和湍流尺度。常用的 $k-\varepsilon$ 双方程模型有标准 $k-\varepsilon$ 模型、RNG $k-\varepsilon$ 模型和 Realizable $k-\varepsilon$ 模型。$k-\varepsilon$ 模型是需要求解湍动能 $k$ 和湍流耗散率 $\varepsilon$ 的方程，3 种模型的湍动能方程和湍流耗散率方程形式相似，区别主要是：求解湍流黏性系数的方法不同；控制 $k$ 和 $\varepsilon$ 方程中湍流耗散的湍流 Prandtl 数不同，以及 $\varepsilon$ 方程中生成和破坏相不同。

标准 $k-\varepsilon$ 模型是半经验模型，由 Launder 和 Spalding[147] 于 1972 年提出，因其健壮性、经济性和可靠性被广泛用于工程计算。标准 $k-\varepsilon$ 模型的推导假设湍流充分发展，且忽略分子黏性的影响，因此只适用于充分发展流。其湍动能 $k$ 方程源于精确方程，其输运方程为：

$$\frac{\partial(\rho k)}{\partial t}+\frac{\partial(\rho u_i k)}{\partial x_i}=\frac{\partial}{\partial x_j}\left[\left(\mu+\frac{\mu_t}{\sigma_k}\right)\frac{\partial k}{\partial x_j}\right]+G_k+G_b-\rho\varepsilon+S_k \qquad (4-1)$$

湍流耗散率 $\varepsilon$ 方程由相似处理得到，表示为：

$$\frac{\partial(\rho\varepsilon)}{\partial t}+\frac{\partial(\rho u_i\varepsilon)}{\partial x_i}=\frac{\partial}{\partial x_j}\left[\left(\mu+\frac{\mu_t}{\sigma_\varepsilon}\right)\frac{\partial\varepsilon}{\partial x_j}\right]+C_{1\varepsilon}\frac{\varepsilon}{k}(G_k+C_{3\varepsilon}G_b)-C_{2\varepsilon}\frac{\rho\varepsilon^2}{k}+S_\varepsilon \quad (4-2)$$

式中：$G_k$ 和 $G_b$ 分别为平均速度梯度和浮力引发的湍流脉动动能；$\sigma_k$ 和 $\sigma_\varepsilon$ 分别

为 $k$ 和 $\varepsilon$ 的湍流普朗特数；$C_{1\varepsilon}$ 和 $C_{2\varepsilon}$ 为经验系数；$S_k$ 和 $S_\varepsilon$ 为用户自定义源相。联立湍动能和湍流耗散率方程，即可得到黏性系数方程：

$$\mu_t = \rho C_\mu \frac{k^2}{\varepsilon} \qquad (4-3)$$

式中：$C_\mu$ 为常数。

近年来，在标准 $k-\varepsilon$ 模型的基础上提出了基于重整化理论的 RNG $k-\varepsilon$ 模型和带旋转修正的 Realizable $k-\varepsilon$ 模型等。RNG $k-\varepsilon$ 模型在标准 $k-\varepsilon$ 模型上增加了 4 处修正：为准确计算应变率对湍流耗散率的影响在 $\varepsilon$ 方程上增加了一项附加项 $R_\varepsilon$；考虑了旋流对湍流的影响；提供了 $\sigma_k$ 和 $\sigma_\varepsilon$ 的解析公式；提供了低雷诺数时湍流黏性的解析公式。$R_\varepsilon$ 表示为：

$$R_\varepsilon = \frac{C_\mu \rho \eta^3 (1-\eta/\eta_0) \varepsilon^2}{1+\beta\eta^3} \frac{\varepsilon^2}{k} \qquad (4-4)$$

Realizable $k-\varepsilon$ 模型在标准 $k-\varepsilon$ 模型上做了 2 处改进：提供了一个可供选择的湍流黏度的计算公式；从均方涡流的输运中推导 $\varepsilon$ 的精确方程。湍流黏性系数不再是常数，其计算公式如式(4-5)所示：

$$C_\mu = \frac{1}{A_0 + A_s \dfrac{kU^*}{\varepsilon}} \qquad (4-5)$$

通常采用标准 $k-\varepsilon$ 模型模拟湍流流动，因为该模型是公认的不仅能够达到工程应用和分析的精度要求，而且兼顾计算经济性、稳定性和可靠性的最合适的计算锅炉炉内空气动力场的双方程模型。

## 4.1.2　气固两相流动模型

经过几十年的发展，通过多种两相或多相流的数值计算模型来解决多相流动问题，代表性的模型有连续介质模型和颗粒轨道模型。两种计算模型均把流体当作连续介质，各模型的区别是对颗粒相的处理。连续介质模型适用于颗粒相的体积分数(Dispersed - phase volume fraction)较高时，在欧拉坐标系下描述颗粒相的运动，此时将颗粒相当作连续介质或拟流体处理，假设颗粒相有连续的速度分布、温度分布及浓度分布等。颗粒轨道模型在拉格朗日坐标系下描述颗粒的运动，当颗粒相的体积份额小于 10% 时，将颗粒相作为离散相处理，颗粒轨道模型适用于模拟有挥发及异相反应的颗粒，对颗粒相预测无数值扩散，在煤粉燃烧模拟中应用较多。该模型不把颗粒群作为连续介质处理，即认为颗粒群自身不存在湍流黏性、湍流扩散和湍流导热。

采用颗粒轨道模型模拟气固两相流动。颗粒轨道模型计算量小，节省存储空间，能较好地追踪颗粒运动，可在流体相中计算间隔和离散相。颗粒轨道模型通过积分拉格朗日坐标系下颗粒作用力微分方程来预测颗粒轨迹，颗粒受到的力决定颗粒运动的速度，描述颗粒力平衡的方程为：

$$\frac{\mathrm{d}u_{\mathrm{p}}}{\mathrm{d}t} = F_{\mathrm{D}}(\vec{u} - \vec{u}_{\mathrm{p}}) + \frac{\vec{g}(\rho_{\mathrm{p}} - \rho)}{\rho_{\mathrm{p}}} + \vec{F} \tag{4-6}$$

$$F_{\mathrm{D}} = \frac{18\mu}{\rho_{\mathrm{p}} d_{\mathrm{p}}^2} \frac{C_{\mathrm{D}} Re}{24} \tag{4-7}$$

式中：$\vec{u}$ 和 $\vec{u}_{\mathrm{p}}$ 分别为气相速度和颗粒相速度；$\rho$ 和 $\rho_{\mathrm{p}}$ 分别为流体密度和颗粒密度；$F_{\mathrm{D}}(\vec{u} - \vec{u}_{\mathrm{p}})$ 为颗粒单位质量拖曳力；$\vec{F}$ 为附加质量力；$d_{\mathrm{p}}$ 为颗粒直径；$\mu$ 为流体分子黏性。式中相对 $Re$ 定义为：

$$Re = \frac{\rho d_{\mathrm{p}} |\vec{u}_{\mathrm{p}} - \vec{u}|}{\mu} \tag{4-8}$$

## 4.1.3 非预混燃烧模型

非预混燃烧是燃料和氧化剂在进入反应区域前没有混合的燃烧，模拟时可将非预混燃烧问题简化成混合问题，认为燃料和氧化剂一旦混合，其化学过程即达到平衡状态，不再需要求解非线性平均反应速率，并采用混合分数这一单一参数 $f$ 来表征，只需求解一个或两个混合分数的输运方程，由预测的混合分数场推导各组分浓度。湍流和化学反应的相互影响由概率密度函数（Probability Density Function，PDF）描述。

定义的混合分数为：

$$f = \frac{Z_i - Z_{i,\mathrm{ox}}}{Z_{i,\mathrm{fuel}} - Z_{i,\mathrm{ox}}} \tag{4-9}$$

式中：$Z_i$ 为 $i$ 成分的质量分数，下标 ox 和 fuel 分别为氧化剂和燃料入口。

## 4.1.4 挥发分析出模型

当颗粒温度达到挥发分析出温度，挥发分即会析出。考虑挥发分析出是非常复杂的过程，对热解过程进行了诸多假设，并提出了常速率反应模型、单步反应模型（Single kinetic rate model）、两步竞争反应模型（Two competing rates model）和化学渗透挥发分析出模型（Chemical percolation devolatilization model）等数学模型描述挥发分析出过程。

采用单步反应模型，假设脱挥发分与颗粒中残留的挥发分量呈一阶关系，颗粒质量变化的控制方程如下：

$$-\frac{\mathrm{d}m_{\mathrm{p}}}{\mathrm{d}t} = k\left[m_{\mathrm{p}} - (1-f_{\mathrm{v},0})(1-f_{\mathrm{w},0})m_{\mathrm{p},0}\right] \qquad (4-10)$$

式中：$m_{\mathrm{p}}$ 为颗粒质量；$k$ 为反应速率；$f$ 为挥发分质量分数；下标 v 和 w 分别为挥发分和水分；下标 0 为初始状态。反应速率表达式为 Arrhenius 指数形式：

$$k = A\mathrm{e}^{-(E/RT_{\mathrm{p}})} \qquad (4-11)$$

式中：$A$ 为指前因子；$E$ 为活化能；$R$ 为气体常数；$T_{\mathrm{p}}$ 为颗粒温度。

## 4.1.5　焦炭燃烧模型

当颗粒中的挥发分全部析出后，即发生消耗可燃物质的表面反应。煤粉燃烧过程中焦炭和 $O_2$ 的异相反应是个极为复杂的过程，该过程包括 $O_2$ 向焦炭表面的扩散过程和焦炭表面的异相氧化过程。焦炭反应模型包括扩散控制反应速率模型、动力/扩散控制反应速率模型和多表面反应模型等，本研究采用动力/扩散控制反应速率模型。

动力/扩散控制反应速率模型同时考虑了扩散过程和动力学对焦炭表面反应速率的影响，假定表面反应速率不是由动力学控制就是由扩散速率控制，比较接近焦炭的真实反应过程。焦炭燃烧速率定义如下：

$$\frac{\mathrm{d}m_{\mathrm{p}}}{\mathrm{d}t} = -A_{\mathrm{p}}p_{\mathrm{ox}}\frac{D_0\Re}{D_0 + \Re} \qquad (4-12)$$

$O_2$ 扩散到颗粒表面的速率 $D_0$ 表示为：

$$D_0 = C_1\frac{\left[(T_{\mathrm{p}} + T_{\infty})/2\right]^{0.75}}{d_{\mathrm{p}}} \qquad (4-13)$$

动力反应速率 $\Re$ 按式（4-14）计算：

$$\Re = C_2\mathrm{e}^{-(E/RT_{\mathrm{p}})} \qquad (4-14)$$

式中：$A_{\mathrm{p}}$ 为煤粉颗粒的表面积；$p_{\mathrm{ox}}$ 为燃烧颗粒周围的 $O_2$ 分压；$\Re$ 为颗粒化学反应速率常数，考虑了颗粒内表面化学反应和微孔扩散的影响；$C_1$ 为质量扩散系数；$C_2$ 为动力学指前因子；$E$ 为活化能。

### 4.1.6 辐射传热模型

辐射传热具有多维性、多变性等特点，求解偏微分形式的辐射换热方程比较困难，常用的辐射模型有 P – 1 辐射模型，DTRM（Discrete Transfer Radiation Model）、S2S（Surface – to – Surface）辐射模型和 DO（Discrete Ordinates）辐射模型等。其中，DO 辐射模型适应所有范围的光学深度，并且考虑散射的影响和气体与颗粒间的辐射，能用于模拟半透明壁面的辐射，且对于典型角度的离散化问题计算量适中，占用存储空间适中。本研究选取 DO 辐射模型计算辐射传热。

DO 辐射模型，即求解有限个立体角的辐射换热方程，每一个立体角都与笛卡尔坐标系下的固定方向 $\vec{s}$ 有关。DO 辐射模型把 $\vec{s}$ 方向的辐射传热方程视为场方程，该辐射传热方程即可写为：

$$\nabla \cdot (I(\vec{r},\vec{s})\vec{s}) + (a + \sigma_s)I(\vec{r},\vec{s}) = an^2\frac{\sigma T^4}{\pi} + \frac{\sigma_s}{4\pi}\int_0^{4\pi} I(\vec{r},\vec{s}')\varphi(\vec{s},\vec{s}')\mathrm{d}\Omega' \quad (4-15)$$

## 4.2 旋风燃烧锅炉模拟对象及模型验证

### 4.2.1 旋风筒物理模型、网格划分和模型验证

首先仅将旋风筒作为计算区域，根据旋风筒结构尺寸构建求解区域模型，旋风筒物理模型如图 4 – 1 所示。该旋风筒一次风喷口位于旋风筒顶部，为环形通道，外径 1100mm，内径 800mm。为保证燃料着火稳定，该旋风筒采用叶片式喷燃器，一次风喷口共有 16 个叶片，其叶片是平直的，叶片倾角为 40°，厚度为 12mm，旋流叶片倾角示意如图 4 – 2 所示。二次风风口为矩形通道，长 1432mm，宽 128mm，沿旋风筒轴向距离顶部约 818mm 处。在对旋风筒进行建模过程中，对其喷燃器结构和二次风入口进行了相应的简化处理，均去掉导流叶片。通过设置一次风轴向、径向和切向速度分量来体现喷燃器的导流作用，并通过设置二次风各方向的分量确保二次风割向进入旋风筒。建模时采用直角坐标系，以旋风筒一次风喷燃器的截面圆心为坐标原点，旋风筒长度方向为 z 轴正方向。

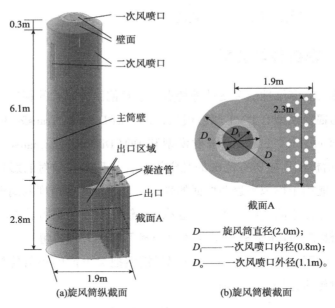

图4-1 旋风筒物理模型

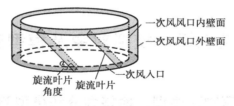

图4-2 一次风喷燃器旋流叶片倾角示意

　　采用 ANSYS ICEM 进行网格划分，计算区域采用六面体结构化网格。如图4-3所示，对一次风入口段、二次风入口段、旋风筒出口段以及旋风筒内靠近壁面的区域进行局部网格加密。采用网格数为3987608、5101736 和6117376 的3 套网格进行了网格无关性验证，得到的旋风筒截面平均温度如图4-4 所示。由此可知，网格数为5101736 时已满足网格独立性条件，因此，采用总网格数为5101736 的网格系统进行数值模拟研究。需要注意的是，本书不仅要研究旋风筒内空间的燃烧特性，还要研究壁面渣层的行为，因此熔渣相关参数（如液态渣流动速度、液态和固态渣层厚度和渣层表面温度等）均存储在壁面网格的用户自定义存储单元（User Defined Memories，UDMs）中（第5 章将详细介绍熔渣行为的研究）。由于旋风筒是近似轴对称结构，一半的旋风筒壁面可以反映熔渣相关特性，因此在本研究中，仅输出存储在一半主筒壁壁面网格内的熔渣相关参数。旋风筒主筒壁被分为 40432 个计算单元，沿轴向方向有 266 个不均匀的部分，沿周向等分为 152 条，其壁面网格展开后如图 4-3(b) 所示。为了分析方便，将主筒壁分为 4 部分：一次风入口段、二次风入口段、主燃区和出口段。

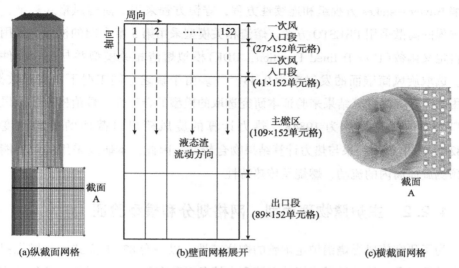

(a)纵截面网格　　　(b)壁面网格展开　　　(c)横截面网格

**图 4-3　旋风筒网格划分**

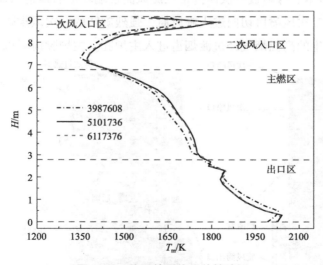

**图 4-4　旋风筒网格无关性验证**

采用适合强旋流动的 Realizable $k-\varepsilon$ 双方程湍流模型模拟旋风筒内的气相湍流输运。气相燃烧采用混合分数/概率密度函数(mixture - fraction/PDF)模型进行研究。煤粉颗粒的跟踪采用随机轨道(Stochastic tracking)模型。挥发分的析出和焦炭的燃烧分别采用单步反应模型和动力学/扩散控制反应速率模型（Kinetics/diffusion – limited model）。采用 DO 辐射模型计算辐射传热，其中当地吸收因子采用 WSGG（Weighted Sum of Gray Gas）模型计算。计算迭代时，采用 SIMPLE 算法求解 Navier – stokes 方程组和连续性方程，守恒方程采用二阶迎风格式离散，压力方程的离散采用 PRESTO 方法。熔渣相关模型采用第 5 章介绍的模型，采用用户自定义函数（User Defined Function，UDF）模拟熔渣相关模型并与商业软件耦合。选取旋风筒壁面的发射率为 0.83[72,80]。由于缺乏在同工况下的实验数据，采用热力计算的计算结果来验证本研究选取的模型的合理性。数值模拟的旋风筒出口截面的平均温度为 1984K，热力计算的旋风筒出口截面的平均温度为 1982K，数值模拟结果与热力计算结果吻合较好。因此，本研究采用的模型能合理预测旋风筒内的流动、燃烧及传热特性。

## 4.2.2  主炉膛物理模型、网格划分和模型验证

为了研究旋风燃烧锅炉主炉膛的燃烧特性，以一台 87t/h 立式旋风燃烧锅炉作为计算对象，该旋风燃烧锅炉左墙和右墙各对称布置 3 个旋风筒，几何结构简图如图 4 – 5 所示。煤粉被一次风携带从旋风筒顶端环形通道进入旋风筒。随后，二次风从两个二次风喷口切向进入旋风筒，强烈旋转的二次风携带煤粉颗粒旋转燃烧，燃烧产生的高温烟气经过渡烟道进入主炉膛。主炉膛前后墙上布置 4 层对

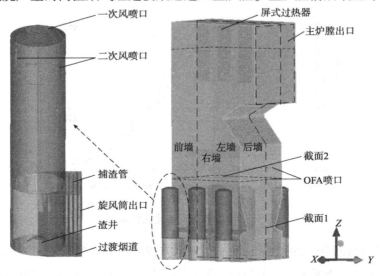

图 4 – 5  旋风炉主炉膛几何结构简图

冲燃尽风喷口，高温烟气与燃尽风混合后进一步燃尽，随后从主炉膛出口排出。

使用 ANSYS ICEM 对炉膛进行结构化六面体网格划分，网格系统包括从炉膛底部至炉膛出口之间的计算区域。由于 OFA 喷口区域燃烧剧烈，因此对该区域的网格进行加密，网格系统如图 4 - 6 所示。

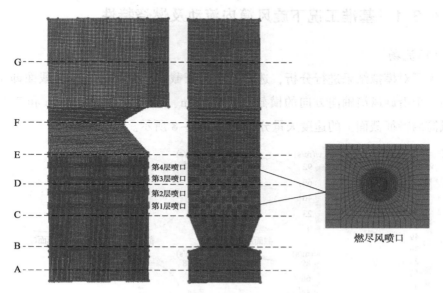

图 4 - 6　旋风炉主炉膛网格系统

选用网格数量分别为 3706451、4607037 和 5678968 的 3 套网格进行计算。经网格无关性验证后，选用的网格数量为 4607037 个，如图 4 - 7 所示。

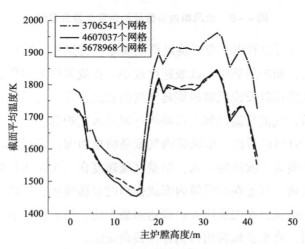

图 4 - 7　主炉膛网格无关性验证

## 4.3　旋风筒内流动及燃烧特性

### 4.3.1　基准工况下旋风筒内流动及燃烧特性

（1）流场

为了对模拟结果进行分析，选取 6 个特征截面，分别为一个纵截面即 $y=0$ 面和 5 个沿旋风筒轴向方向的横截面（$z=0.5\mathrm{m}$、$1.5\mathrm{m}$、$3.0\mathrm{m}$、$5.0\mathrm{m}$ 和 $7.8\mathrm{m}$）。旋风筒内特征截面上的速度矢量分布图如图 4-8 所示。

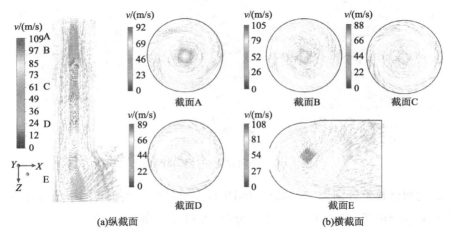

**图 4-8　旋风筒内各截面的速度矢量分布图**

由图 4-8（a）可以看出，靠近旋风筒壁面处，特别是二次风入口段靠近壁面处气流速度较大，而旋风筒中心区域速度较小。在旋风筒出口段，由于出口壁面和凝渣管的导流作用以及旋风筒内旋转气流的相互作用，旋风筒中心区域出现较大回流区，随后，气流从旋风筒出口经燃尽室进入主炉膛。

由图 4-8（b）可以看出，旋风筒内气流呈明显切圆，靠近旋风筒壁面的气流速度较大，由于高速二次风的引入，贴壁气流速度在二次风入口处达到最大。由于切向引入二次风，气流在旋风筒内形成强烈的旋转流场，旋转流场的旋转强度从旋风筒顶部先增强，在二次风入口段达到最大值，随后，沿着旋风筒轴向，旋转强度逐渐减弱，直至旋风筒出口仍存在残余旋流。

旋风筒内气流的轴向速度和切向速度是描述旋风筒内流场特性的重要参数。

轴向速度是指旋风筒中气流沿轴向的分速度，切向速度是指旋风筒中气流沿切向的分速度。本节截取旋风筒纵截面（$y=0$ 的平面），并以旋风筒一次风喷燃器的截面圆心为原点，以距离旋风筒中心轴的径向距离为横坐标，以几个与旋风筒中心轴垂直的截面上的分速度为纵坐标，分析旋风筒内的速度分布。图 4-9(a)、(b)分别所示为旋风筒内 $z=0.5m$、$1.0m$、$2.0m$、$3.0m$、$4.0m$、$5.0m$ 和 $6.0m$ 横截面的轴向速度分布和切向速度分布。

由图 4-9(a)可以看出，当 $z≤6.0m$ 时，轴向速度在旋风筒纵截面内呈近似轴对称分布。旋风筒内区域按轴向速度分布大致可分为 4 个区域：主流区、回流区、中心出流区和出口回流区。

在旋风筒内有一股轴向前进的气流，这股气流携带煤粉颗粒强烈旋转，燃烧强度大，此区域即为旋风筒内的主流区，在旋风筒顶部轴向位置 $z=0.5m$ 处，由于一次风由顶部径向位置为 0.4~0.5m 的环形风口轴向送入，此区域的主流区靠近旋风筒的中心轴，最大轴向速度约为 36m/s。在轴向位置 $z=1.0m$ 处，由于二次风的引入，主流区进一步向旋风筒中心轴靠近。在旋风筒内气流充分发展阶段，即在轴向位置 $3.0m≤z≤5.0m$ 的区域内形成了稳定的主流区。速度较高的主流区气流是贴壁旋转前进的，在轴向位置 $z=3.0m$ 处，主流区气流厚度约为 0.25m，轴向最大速度为 40m/s。随着气流行程的增加，主流区气流厚度逐渐减薄，轴向速度最大的气流位置越贴近壁面，轴向速度增大，在轴向位置 $z=5.0m$ 处，主流区气流厚度仅约为 0.08m，轴向最大速度增大至 52m/s。而在轴向位置 $z=6.0m$ 处，由于旋风筒结构突变，主流区气流厚度增加至约 0.2m，轴向最大速度继续增大，约 60m/s。

旋风筒前部的轴向速度分布曲线呈明显 M 形分布，在旋风筒中心轴线处，气流的轴向速度较小，从旋风筒轴线沿径向向外，正向轴向速度先逐渐增大，达正向轴向速度最大值后，逐渐减小并出现轴向速度负值，在靠近旋风筒壁面的位置存在一个最大的负向轴向速度点，回流速度增大到最大值后再逐渐减小为 0，此区域即为旋风筒前部回流区。在轴向位置 $z=0.5m$ 处，前部回流区最大轴向回流速度约为 10m/s。该回流区的存在可以卷吸旋风筒内高温烟气从而有利于着火和稳燃，但由于大量一次风在旋风筒前部引入，且旋风筒前部区域温度不高，旋风筒前部回流区的存在可能会卷吸部分煤粉颗粒到旋风筒前部的死角，造成煤灰颗粒在此处不正常堆积。

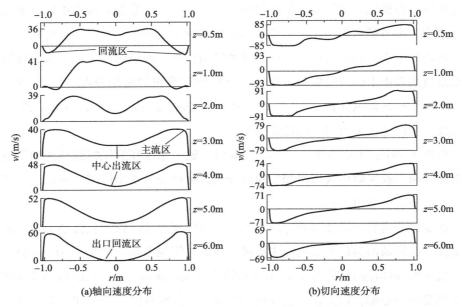

**图 4 - 9　不同截面处气流的轴向速度分布和切向速度分布**

　　旋风筒中心区域即为中心出流区,该区域内气流的轴向速度较低,中心区域的气流以较低的轴向速度向旋风筒出口流动,部分较细的未燃尽煤粉被中心出流区的气流携带流出旋风筒,可能会导致旋风筒内煤粉不完全燃烧。由于在热态工况下旋风筒内燃烧剧烈,气体膨胀,因此在旋风筒中心区域并未形成中心回流区。而在轴向位置 $z=6.0m$ 处出现了出口回流区,这可能是由于旋风筒筒壁在出口区域出现弯折,旋风筒结构的突然变化导致出现回流区。该回流区并不大,且轴向回流速度较小,这是因为燃料燃烧时气体膨胀导致被卷吸的气流较少,但被卷吸的气流是旋风筒出口区域的高温烟气,卷吸高温烟气有利于维持旋风筒内较高的温度水平。

　　由图 4 - 9(b)可知:旋风筒内各横截面的切向速度分布相似,在靠近旋风筒壁面区域,气流的切向速度最高,气流的切向速度远远大于气流的轴向速度。在气流充分发展区域,即轴向位置 $3.0m \leqslant z \leqslant 5.0m$ 的区域内,主流区的气流不仅轴向速度较大,切向速度也较大,气流强烈旋转前进。对于旋风筒内的强旋流气流,其切向速度占主导地位。切向旋转的气流带动煤粉颗粒在旋风筒内高速旋转,煤粉颗粒在离心力作用下被甩向旋风筒壁面从而可能被壁面黏附,也有一部分颗粒悬浮在壁面附近。靠近壁面处较大的切向速度使得煤粉与气流的相对速度较大，煤粉燃烧剧烈。

在旋风筒前部（$z \le 1.0 m$），由于一次风具有轴向速度和切向速度分量，从中心轴线沿径向向外，切向速度先增大和减小再增大，所在区域为 $r = 0 \sim 0.8 m$。在旋风筒中后部，沿径向向外，切向速度先逐渐增大，在壁面附近达到最大值，在壁面处减少为 0。在旋风筒内，越靠近旋风筒中心轴线，气流切向速度越小。

旋风筒内横截面上的切向速度沿气流前进方向逐渐降低，最大切向速度逐渐降低，即气流速度在旋风筒内逐渐衰减。这是由于燃烧后气体膨胀，且旋风筒内产生的高温烟气与水冷壁换热导致烟气温度下降，因此，高温烟气的平均流速逐渐降低。

（2）流线与颗粒轨迹

旋风筒内一次风流线、二次风流线和煤粉颗粒轨迹如图 4－10 所示。可以看出，一次风在旋流叶片的导流下，以一定的切向速度和轴向速度旋转进入旋风筒。随后，二次风切向引入，二次风带动一次风运动，二次风能卷吸一部分一次风并与之混合，且能包裹着一次风在旋风筒内以一定的轴向速度旋转前进，最后气流在旋风筒出口段强烈混合后进入主炉膛。

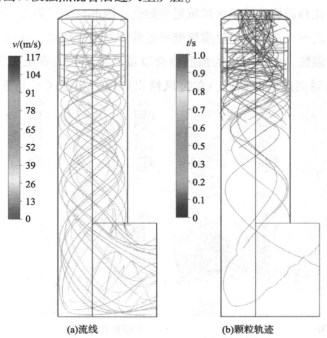

(a)流线　　　　　　　　(b)颗粒轨迹

图 4－10　旋风筒内流线和煤粉颗粒轨迹

煤粉在导流叶片作用下随一次风旋转进入旋风筒，大部分煤粉颗粒在离心力作用下在靠近旋风筒壁面处呈螺旋状向旋风筒出口运动。切向进入的二次风在靠近旋风筒壁面处带动一次风强烈旋转向前，增强空气与煤粉混合，并为煤粉燃烧提供 $O_2$。由于煤粉进入旋风筒时有轴向速度分量，且在气流的带动下高速旋转前进，因此，未被壁面黏附的煤粉颗粒在旋风筒内的停留时间较短。由图 4-10 (b)可以看出，未被旋风筒壁面捕捉的煤粉颗粒在旋风筒内的平均停留时间为 0.4s。

在旋风筒主燃区壁面上部，大部分煤灰颗粒与旋风筒壁面碰撞后被捕捉，少量颗粒由于跟随性好，随着气流逸出旋风筒外。

(3)温度分布

旋风筒内 $y=0$ 纵截面的温度分布如图 4-11(a)所示。可以看出，旋风筒一次风风口和二次风风口是旋风筒内的低温区域，这是因为大量低温一次风和二次风的引入。经旋流叶片进入旋风筒的一次风不仅有轴向速度，还有切向速度，同时二次风割向对称进入旋风筒，一次风和二次风在旋风筒内强烈混合并旋转向旋风筒出口运动，大部分煤粉颗粒在强旋流作用下被甩向壁面，可能黏附在旋风筒壁面，或悬浮在靠近旋风筒壁面区域近壁燃烧。因此，旋风筒近壁面区域燃烧强度大，燃烧释放出大量热量，使靠近壁面处的烟气温度较高，此区域即为旋风筒壁面附近的高温区。由于气流的强烈混合以及高温烟气的膨胀，旋风筒壁面附近的高温区沿轴向向壁面靠近，在旋风筒出口段，高温区域几乎与壁面贴合。

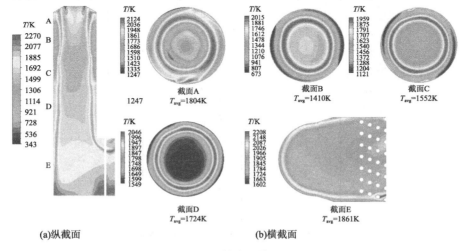

(a)纵截面　　　　　　　(b)横截面

图 4-11　旋风筒内各截面温度分布

由图4-11(a)还可以看出,旋风筒一次风入口区域有局部的高温区,这是因为旋风筒前部回流区的存在卷吸了旋风筒内高温烟气从而有利于着火和稳燃,并且旋风筒前部$O_2$量充足,挥发分迅速释放和燃烧,产生大量热量。因此,旋风筒一次风入口区域形成局部高温区。需要注意的是,旋风筒前部一次风入口区域的回流也可能会卷吸部分煤粉颗粒到旋风筒前部的死角,造成燃烧器堵塞,旋风筒一次风入口区域的高温也可能使喷燃器区域结焦。

旋风筒内5个特征横截面($z=0.5m$、$1.5m$、$3.0m$、$5.0m$和$7.8m$)的温度分布如图4-11(b)所示。图4-12所示为旋风筒截面平均温度沿轴向的变化趋势,其横坐标根据整个旋风筒长度进行了模化处理。由图4-11(b)和图4-12可以看出,在旋风筒一次风入口段,一次风粉进入旋风筒后,煤粉颗粒中挥发分析出并燃烧,旋风筒截面平均温度突然升高,在截面A($z=0.5m$)时达到峰值,截面平均温度为1804K。在二次风入口段,由于二次风风温比烟气温度低,大量较低温度的二次风引入旋风筒后导致烟气温度急剧下降,如截面B的平均烟气温度为1410K,旋风筒截面平均烟气温度在二次风入口段和主燃区交界区域下降到最低值1372K。随后,由于二次风的引入,高温烟气和煤粉强烈混合并剧烈燃烧,旋风筒截面平均温度平稳上升。由于旋风筒出口布置在筒侧,烟气在旋风筒出口段的流向突然发生变化,且旋风筒出口段布置了4排凝渣管。因此,主流区和中心出流区的烟气在此区域强烈混合,形成了高温烟气的回流区,截面平均温度曲线也出现波动。部分未燃尽的煤粉颗粒在烟气携带和捕渣管的扰动下,聚集在旋风

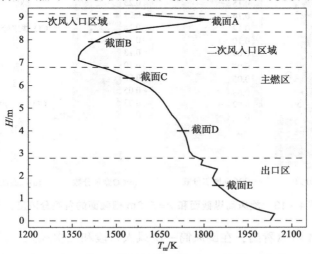

图4-12 旋风筒沿轴向截面平均温度

筒出口壁面处剧烈燃烧，导致旋风筒出口段温度较高，在轴向位置 $z = 9.1\text{m}$ 处，截面平均温度高达 2041K。最后，高温烟气经旋风筒出口排至燃尽室和主炉膛。

(4)组分浓度分布

旋风筒纵截面和特征横截面 $z = 5.0\text{m}$ 的 $O_2$、$CO_2$ 和 CO 摩尔浓度分布如图 4 – 13 所示。图 4 – 14 所示为沿旋风筒轴向截面平均 $O_2$、$CO_2$ 和 CO 的摩尔分数。

由图 4 – 13(a)、(d) 可以看出，由于引入了大量的 $O_2$，一次风风口和二次风风口区域是旋风筒纵截面 $O_2$ 浓度最高的区域。$O_2$ 浓度在贴近旋风筒壁面的区域也较高，而在旋风筒中心区域很低。这是因为烟气在旋风筒内强烈旋转前进，使 $O_2$ 富集在贴近旋风筒壁面的环形区域。旋风筒内煤粉颗粒也主要集中在靠近壁面的区域，因此，贴近壁面的区域 $O_2$ 浓度较高有助于旋风筒内 $O_2$ 与煤粉混合。随着煤粉与 $O_2$ 发生反应，在烟气向旋风筒出口流动的过程中，贴近壁面环形区域的 $O_2$ 浓度慢慢降低，环形区域的厚度也慢慢减薄。在旋风筒出口，壁面环形区域还有残余 $O_2$，由于旋风筒内气流流动方向的突然变化导致旋风筒出口区域出现回流且流动不均匀，出口环形区域上部比下部残余 $O_2$ 多，环形区域也较厚。将残余 $O_2$ 送入燃尽室和主炉膛后将进一步与高温烟气和煤粉颗粒反应。

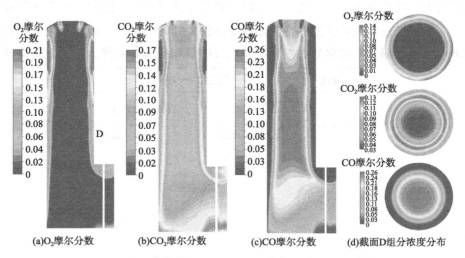

图 4 – 13　旋风筒纵截面和 $z = 5.0\text{m}$ 横截面的各组分浓度分布

由图 4 – 14 可以看出，在旋风筒一次风入口段和二次风入口段，随着一次风和二次风的引入，带入大量的 $O_2$，$O_2$ 浓度显著上升，在二次风入口段的中下部达到峰值，其截面平均 $O_2$ 摩尔分数为 0.087，随着挥发分的快速析出和燃烧，$O_2$ 被消耗，浓度快速下降。在旋风筒主燃区主要是煤粉颗粒中的焦炭燃烧，消耗大量 $O_2$，截面平均 $O_2$ 浓度进一步下降。在旋风筒出口段，由于旋风筒的特殊结构，截取的平面并非沿着气流流动方向的截面，且旋风筒出口贴近壁面的环形区域 $O_2$ 浓度较高。因此，沿旋风筒轴向的截面平均 $O_2$ 摩尔分数在出口段的上部区域和下部区域较高，且上部区域浓度高于下部区域，在出口段上部靠近主燃区的截面，截面平均 $O_2$ 摩尔分数达到 0.05。总的来说，由于 $O_2$ 已在主燃区大量消耗，在旋风筒出口段，$O_2$ 消耗速率变缓，残余 $O_2$ 变少，截面平均 $O_2$ 摩尔分数约为 0.006。

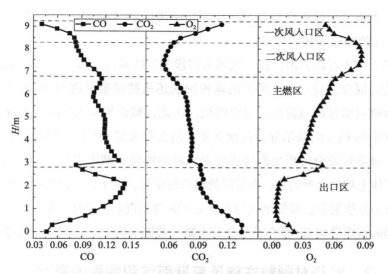

**图 4 - 14  沿旋风筒轴向各组分截面平均摩尔分数**

比较图 4 - 13(b)和图 4 - 11(a)可以看出，纵截面 $CO_2$ 浓度分布与温度分布相似，$CO_2$ 浓度随着温度的升高而升高。进入旋风筒的煤粉颗粒在主流区受热析出大量的挥发分 $C_mH_n$，挥发分燃烧消耗 $O_2$ 并产生大量 $CO_2$。同时，焦炭颗粒也主要富集于主流区，在主流区与充足 $O_2$ 反应，生成大量 $CO_2$。因此，旋风筒内主流区是 $CO_2$ 浓度较高的区域。部分煤粉颗粒被气流携带至贴近壁面的高 $O_2$ 浓度区域，同时被旋风筒壁面捕捉的颗粒可能残存未燃尽碳，颗粒和未燃尽碳与 $O_2$ 反应生成 $CO_2$，贴近壁面区域即为 $CO_2$ 浓度较高的环形区域。由于高温烟气的膨胀及主流区的挤压，沿着旋风筒轴向 $CO_2$ 浓度较高的环形区域逐渐减薄，贴近壁面区域和主流区产生的 $CO_2$ 逐渐向旋风筒中心扩散。因此，旋风筒主流区的

$CO_2$ 浓度最高，贴近壁面的环形区域次之，旋风筒中心区域的 $CO_2$ 浓度较低。在旋风筒出口段底部的区域，$CO_2$ 浓度较高。这是因为旋风筒采用低 $NO_x$ 燃烧技术，旋风筒内 $SR$ 为 0.8，旋风筒内空气量不足导致产生大量的未燃尽颗粒和未燃尽气体，在旋风筒出口段，部分未燃尽的气体和颗粒与 $O_2$ 混合燃烧并生成大量 $CO_2$，使 $CO_2$ 摩尔分数快速升高。

由图 4-13（c）、（d）可以看出，由于旋风筒中心区域为贫氧区，且旋风筒内过量空气系数低，部分细小颗粒和未燃尽气体扩散至旋风筒中心区域，该区域没有足够的 $O_2$ 保证煤粉颗粒和未燃尽气体充分燃烧，将产生大量的 CO，使得该区域在燃烧过程中呈现还原性气氛，该区域为 CO 的高浓度区。特别是在主燃区中心区域，主流区大量焦炭与 $O_2$ 发生不完全燃烧，产生较多的 CO，使得主燃区中心区域 CO 的浓度最高。

由图 4-14 可以看出，在一次风入口段和二次风入口段，由于一次风和二次风还未均匀混合，被一次风携带的煤粉颗粒还未被携带至高 $O_2$ 浓度区域，煤粉颗粒在富燃料低氧区域发生未完全燃烧。因此，截面平均 CO 的摩尔分数逐渐升高，截面平均 $CO_2$ 的摩尔分数逐渐下降。而在旋风筒主燃区，煤粉颗粒被携带至主流区，随着挥发分的析出燃烧和焦炭颗粒的燃烧，截面平均 CO 和 $CO_2$ 的摩尔分数在整体上均呈上升趋势。在旋风筒出口段中部，由于旋风筒结构的改变使气流的流动方向发生变化，高温烟气与未燃尽颗粒强烈混合，生成大量 $CO_2$，因此，出口段中部的截面平均 CO 摩尔分数显著下降，截面平均 $CO_2$ 的摩尔分数逐渐上升。

## 4.3.2 粒径对颗粒在旋风筒壁面沉积特性的影响

煤粉颗粒粒径是影响煤粉燃烧特性的重要因素之一。对于煤粉炉而言，最佳煤粉粒径应从燃烧特性和制粉电耗等角度综合分析来确定。而对于旋风燃烧锅炉而言，不仅需要考虑燃烧特性和制粉电耗，还需考虑不同颗粒粒径在旋风筒壁面的沉积特性。立式旋风燃烧锅炉和卧式旋风燃烧锅炉都有其最佳的煤粉粒径区间，普遍情况下，卧式旋风燃烧锅炉要求的煤粉粒径比立式旋风燃烧锅炉的大。本小节主要研究不同粒径煤粉颗粒在立式旋风燃烧锅炉内的沉积特性。

（1）计算工况

为了研究不同粒径颗粒在旋风筒内壁的沉积特性，本节模拟了 12 组粒径颗粒在旋风筒内的运动，每组粒径颗粒分别在一次风口对称的两个位置投放，每组粒径颗粒的质量流率与表 2-3 的 Rosin-Rammler 粒径分布的工况保持一致，使筒内空间的温度分布与设计工况接近，同时，假设旋风筒的壁面温度与设计工况的壁面温度一致。颗粒的粒径分布见表 4-1。

**表 4-1　颗粒的粒径分布**

| 粒径/μm | 质量流率/(kg/s) | 粒径/μm | 质量流率/(kg/s) |
|---|---|---|---|
| 10 | 0.3917 | 110 | 0.1908 |
| 20 | 0.3892 | 130 | 0.1286 |
| 30 | 0.3475 | 150 | 0.0857 |
| 40 | 0.5593 | 170 | 0.0566 |
| 70 | 0.4007 | 190 | 0.0371 |
| 90 | 0.2791 | 210 | 0.0675 |

(2)颗粒运动轨迹

粒径为 20μm、40μm、70μm、110μm、150μm 和 190μm 时，颗粒在旋风筒内的运动轨迹如图 4-15 所示。可以看出，颗粒在旋风筒内的运动轨迹可分为 4 种情况：颗粒跟随气流运动且不与壁面发生碰撞，最后跟随气流逸出旋风筒外；颗粒与壁面碰撞并被壁面捕捉；颗粒与壁面碰撞后被反弹，随后逸出旋风筒；颗粒被壁面反弹随后再与壁面碰撞进而被捕捉。不同粒径颗粒在旋风筒内呈现出不同的运动轨迹，不同粒径颗粒被旋风筒壁面捕捉的位置也不同。

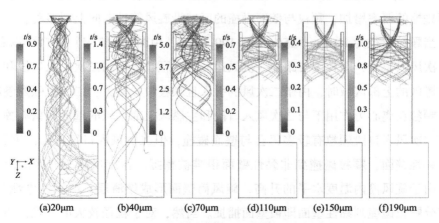

**图 4-15　不同粒径颗粒在旋风筒内的运动轨迹**

对于粒径为 20μm 的颗粒，颗粒的跟随性好，大部分颗粒主要在一次风的作用下在旋风筒内运动[一次风流线见图 4-10(a)]。一次风由旋风筒顶部环形通道引入，一次风的流线靠近旋风筒中心轴线，因此，粒径为 20μm 的颗粒的运动轨迹也靠近旋风筒中心轴线 [见图 4 - 15(a)]。颗粒很难与旋风筒一次风入口段、二次风入口段和主燃区壁面发生碰撞进而被壁面捕捉。随着旋风筒内高温气体的强烈混合，在气流的卷吸作用下，少量颗粒被气流携带至旋风筒出口段的近壁区域，进而与壁面碰撞并被捕捉。由图 4 - 15(a) 可以看出，绝大部分粒径为 20μm 的颗粒都跟随气流逸出旋风筒，仅少量颗粒能被壁面捕捉。

对于粒径为 40μm 的颗粒，颗粒跟随一次风进入旋风筒后向旋风筒下部流动，在一次风入口段和二次风入口段与壁面碰撞的机会较少。在旋风筒主燃区，随着二次风的引入，一部分颗粒被二次风卷吸，增加了其与壁面碰撞的机会；另一部分颗粒与主燃区壁面碰撞进而被捕捉。随后，少量颗粒也在旋风筒出口段被壁面捕捉。由图 4 - 15(b) 可以看出，粒径为 40μm 的颗粒并未全部被壁面捕捉，仍有一部分颗粒跟随气流从旋风筒出口进入燃尽室和主炉膛。

当颗粒粒径为 70μm 时，颗粒质量较大，在强旋气流的作用下易与携带其进入旋风筒的一次风分离，在旋风筒主燃区的上部区域即与壁面碰撞，绝大部分与壁面碰撞的颗粒即被壁面捕捉。由于大部分颗粒已被壁面捕捉，在旋风筒主燃区的下部区域和出口段，未见颗粒与壁面发生碰撞。对于液态排渣的旋风筒而言，颗粒在主燃区的上部区域即被捕捉并在壁面形成熔渣层有利于旋风筒运行。比较图 4 - 15(a) ~ (c) 还可以看出，随着颗粒粒径的增加，颗粒的惯性增大，颗粒与壁面碰撞的概率增加，颗粒与壁面碰撞的区域沿旋风筒轴向向上部移动。

当颗粒粒径为 110μm、150μm 和 190μm 时，由图 4 - 15(d) ~ (f) 可以看出，在一次风入口段，颗粒主要跟随一次风运动，当颗粒运动到二次风入口段和旋风筒主燃区的上部区域时，由于二次风的引入且颗粒粒径较大，二次风强烈卷吸颗粒，颗粒在离心力作用下与二次风入口段和主燃区上部区域的壁面频繁碰撞。虽然在二次风入口段颗粒有较多机会与壁面碰撞，但二次风入口段壁面温度较低，为非黏性壁面，颗粒碰撞到非黏性壁面很难被捕捉。在旋风筒主燃区的上部区域，由于旋风筒内温度水平的升高，旋风筒壁面形成熔渣层，壁面为黏性壁面，大部分颗粒碰撞到黏性壁面即被壁面捕捉。当然，对于粒径较大的颗粒，由于颗粒携带的惯性力较大，与壁面碰撞后可能克服渣层和颗粒间的界面张力，随后颗粒离开壁面返回筒内空间。随着颗粒动能的消耗，颗粒仍有可能再次与壁面碰撞进而被捕捉。也有颗粒不再与壁面碰撞，最后跟随气流逸出旋风筒。相较于粒径较小(如20μm)的颗粒,粒径较大的颗粒与壁面碰撞的机会更多,被捕捉的概率更高。

对于立式旋风筒而言,若颗粒粒径过大,颗粒也可能不能被旋风筒内强旋气流携带至壁面,而在重力作用下直接掉入旋风筒底部,颗粒停留时间较短,且不能形成渣层维持旋风筒内的高温,因此,旋风筒煤粉颗粒粒径不宜过大。

(3)壁面捕集率

本研究将某粒径颗粒的壁面捕集率定义为被捕捉颗粒的数目与投入该粒径颗粒的总数目之比,不同粒径颗粒被旋风筒壁面捕集的概率见图4-16。当投入10μm粒径的颗粒时,颗粒被壁面捕集的概率仅为29.4%。这是由于较小粒径的颗粒质量小,对气流的跟随性好,因此,大部分颗粒都随气流逃逸出旋风筒。当投入颗粒粒径从10μm增加到50μm时,颗粒捕集概率迅速从29.4%增加到95.8%。随着粒径进一步增加,颗粒捕集概率缓慢增长,当颗粒粒径为70~110μm时,颗粒捕集概率高达99.4%以上,即几乎全部的颗粒被旋风筒壁面捕捉。当颗粒粒径大于110μm时,颗粒捕集概率随着粒径的增加缓慢下降,当颗粒粒径为210μm时,捕集概率仍高于90%,约为91.4%。当颗粒粒径较大时,有少量颗粒未被壁面捕捉。这是因为,随着颗粒粒径增大,颗粒的动能增大,若颗粒的Weber数大于临界Weber数(颗粒的惯性力能克服渣层与颗粒间的表面张力)时,颗粒与壁面碰撞后将返回空间流动,因此,颗粒捕集概率下降。由图4-16还可以看出,该立式旋风燃烧锅炉的最佳颗粒粒径为70~110μm,

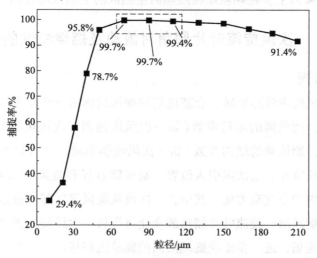

图4-16  不同粒径颗粒被旋风筒壁面捕集的概率

当颗粒粒径在此区间时，颗粒捕集概率较高，在99.4%以上。

采用计算无量纲数 Weber 数来判断颗粒与壁面碰撞后是被捕捉还是反弹，并将临界 Weber 数按经验取值为1。因此，所得的计算结果与临界 Weber 数的选取有关，临界 Weber 数的大小影响颗粒碰撞后的命运，同时还会影响颗粒黏附质量流率、液态渣层表面温度、渣层厚度和液态渣流动速度等。为取得更精确的预测结果，临界 Weber 数的选取合理性还需进一步实验验证，或者提出更为可靠的颗粒捕捉判定标准。颗粒的沉积特性不仅与颗粒粒径有关，还与燃料特性、一次风风速、二次风风速、一次风喷口倾角和旋风筒直径等旋风筒运行参数和结构参数有关。因此，还需结合实验进行更深入的研究。

总的来说，在燃烧特性方面，粒径较小的颗粒比表面积较大，更易着火和燃尽，而颗粒粒径较大将使着火延迟，且不易燃尽，使旋风筒内温度水平降低，由于颗粒未完全燃烧而导致的旋风燃烧锅炉固体不完全燃烧热损失增大；在制粉电耗方面，磨制粒径较小的颗粒耗电量更多；在颗粒沉积特性方面，粒径小的颗粒跟随性更好，可能仅在旋风筒内跟随气流旋转运动，很难与壁面碰撞并逸出旋风筒，壁面捕集率低。而大粒径颗粒在强旋气流的带动下能与壁面频繁碰撞，进而被壁面捕捉。当颗粒粒径过大时，若颗粒携带的惯性力能克服渣层和颗粒间的界面张力，颗粒与壁面碰撞后会被反弹至筒内空间，降低颗粒捕捉率。研究表明，当颗粒粒径在 70～110μm 区间时，颗粒几乎全部被旋风筒壁面捕集，颗粒捕集概率达到99.4%以上，且颗粒能在旋风筒主燃区的上部区域被捕捉。

### 4.3.3 一次风旋流叶片倾角对流动及燃烧特性的影响

(1)计算工况

气流在旋风筒内强烈旋转，合理地构建旋风筒内的空气动力场对旋风筒内的燃烧极其重要。旋风筒的运行参数(如一次风风速和二次风风速)会影响旋风筒内流场的构建，旋风筒的结构参数(如一次风喷燃器旋流叶片倾角、喷燃器平均直径、二次风长宽比、二次风引入位置、旋风筒直径和旋风筒长度等)的改变也会影响旋风筒内的空气动力场。其中，一次风从旋风筒顶部环形通道的喷燃器经旋流叶片进入旋风筒，旋流叶片倾角的变化将导致一次风旋流强度的变化，从而影响旋风筒内流场，进一步影响旋风筒内的颗粒沉积特性及燃烧特性等。下面将对当一次风旋流叶片倾角分别为30°、40°和50°时旋风筒内空间的流动及燃烧特性进行讲解。

在本研究中，一次风旋流强度 $n$ 定义为[148]：

$$n = M/(KL) \qquad (4-16)$$

式中：$L$ 为特征尺寸，m，$M$ 为气流旋转动量矩，$kg/(m^2 \cdot s^2)$，其计算公式如式(4-17)所示。

$$M = \rho q w_t r \qquad (4-17)$$

$K$ 为气流的轴向动量，$kg/(m \cdot s^2)$，按式(4-18)计算：

$$K = \rho q w_a \qquad (4-18)$$

式中：$\rho$ 为气流密度，$kg/m^3$；$q$ 为气流体积流量，$m^3/s$；$w_t$ 为切向速度，m/s；$w_a$ 为轴向速度，m/s；$r$ 为气流旋转半径，m。式(4-16)中特征尺寸可取为喷燃器半径，因此，一次风旋流强度可简化为一次风切向分速度与轴向分速度之比：

$$n = w_t/w_a \qquad (4-19)$$

改变一次风旋流叶片倾角将改变一次风旋流强度。图4-17所示为一次风旋流叶片倾角为30°、40°和50°时叶片在内径上展开示意。将一次风旋流叶片倾角代入式(4-19)计算可知，当一次风旋流叶片倾角为30°、40°和50°时，一次风旋流强度分别为1.732、1.192和0.839。当一次风旋流叶片倾角为30°时，一次风切向分速度远远大于轴向分速度，其旋流强度约为倾角为50°时旋流强度的2倍。当一次风旋流叶片倾角为50°时，一次风切向分速度比轴向分速度小。

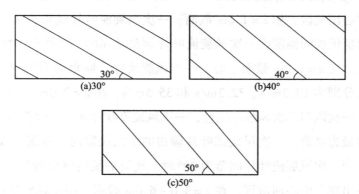

图4-17　一次风旋流叶片倾角在内径上展开示意

（2）流场

当一次风旋流叶片倾角为30°、40°和50°时，旋风筒内 $z=0.5m$、$1.0m$、$2.0m$、$3.0m$、$4.0m$、$5.0m$ 和 $6.0m$ 横截面的轴向分速度分布和切向分速度分布分别如图4-18(a)、(b)所示。可以看出，一次风旋流叶片倾角的改变将影响旋风筒内流场的组织。

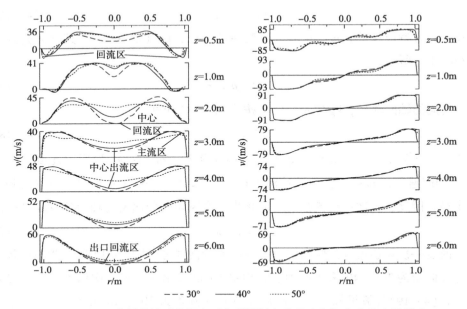

图4-18　一次风旋流叶片倾角对各截面轴向分速度和切向分速度的影响

由图4-18(a)可知：一次风旋流叶片倾角的改变显著影响各截面轴向分速度分布，一次风旋流叶片倾角越大，入口处一次风的轴向分速度越大。在一次风入口段的中心出流区，如 $z = 1.0$m 截面，一次风旋流叶片倾角从 $30°$ 增加到 $40°$ 时轴向分速度增加的幅度比一次风旋流叶片倾角从 $40°$ 增加到 $50°$ 时轴向速度增加的幅度大，在 $z = 1.0$m 截面中心，一次风旋流叶片倾角为 $30°$、$40°$ 和 $50°$ 时，轴向分速度分别为 19.3m/s、32.3m/s 和 35.5m/s。在 $z = 2.0$m 截面，随着二次风的引入，一次风与二次风强烈混合，一次风旋流叶片倾角的改变对该截面轴向速度的影响最为显著，一次风旋流叶片倾角的增大使轴向分速度曲线从 M 形趋近于直线。当一次风旋流叶片倾角为 $30°$ 时，气流的旋转强度较强，$z = 2.0$m 截面中心处还出现了中心回流区。在 $z = 3.0 \sim 6.0$m 截面，一次风旋流叶片倾角的减小使轴向分速度的分布更趋近于 M 形，但随着气流充分混合并不断旋转向前运动，一次风旋流叶片倾角改变对轴向分速度的影响逐渐减弱。当一次风旋流叶片倾角为 $30°$ 时，在 $z = 4.0$m、5.0m 和 6.0m 截面的中心区域都能观察到中心回流区，这说明一次风旋流叶片倾角的减小有利于形成中心回流区回流高温烟气。

由图4-18(b)可知：一次风旋流叶片倾角对各截面切向分速度的影响较小，特别是对主流区切向分速度的影响较小，在旋风筒内，一次风量和二次风量空气系数分别为0.18和0.62，因此，旋风筒内的强旋流动主要由割向进入的二次风控制。一次风在距离旋风筒壁面一定位置的环形通道进入旋风筒，一次风旋流叶片倾角的改变仍对旋风筒中心区域的切向速度有微弱影响，特别是在一次风入口附近，如 $z=0.5m$ 和 1.0m 截面。一次风旋流叶片倾角的减小导致进入旋风筒的一次风的切向分速度增加，旋风筒中心区域的切向速度也略微增加。

（3）流线和颗粒轨迹

当一次风旋流叶片倾角为30°、40°和50°时旋风筒内流线和颗粒轨迹见图4-19。

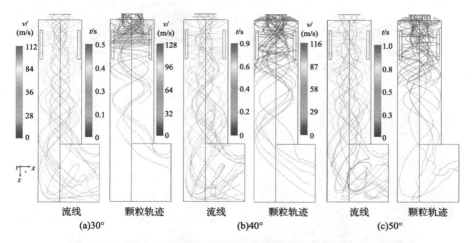

图4-19　改变一次风旋流叶片倾角时旋风筒内流线和颗粒轨迹

由图4-19中流线可知：一次风旋流叶片倾角的变化主要影响一次风在一次风入口段的流线。随着一次风旋流叶片倾角的减小，进入旋风筒的一次风的切向分速度增大，轴向分速度减小，在一次风入口段能明显观察到一次风流线向旋风筒壁面转动。一次风旋流叶片倾角的减小使一次风的穿透能力增强，引射与卷吸能力增强，加强了与割向进入的二次风的掺混。在旋风筒主燃区和出口段，随着一次风旋流叶片倾角的减小，一次风残余的旋流强度增大。而一次风旋流叶片倾角的变化对二次风的流线影响不大。

由图4-19中颗粒轨迹可知：颗粒主要跟随一次风运动，一次风旋流叶片倾角的减小增大了颗粒的初始切向分速度，使颗粒与旋风筒壁面碰撞的位置沿旋风筒轴向上移,颗粒与壁面碰撞的机会也增多。

(4)温度及组分浓度分布

当一次风旋流叶片倾角为30°、40°和50°时,旋风筒纵截面温度分布情况如图4-20(a)所示。

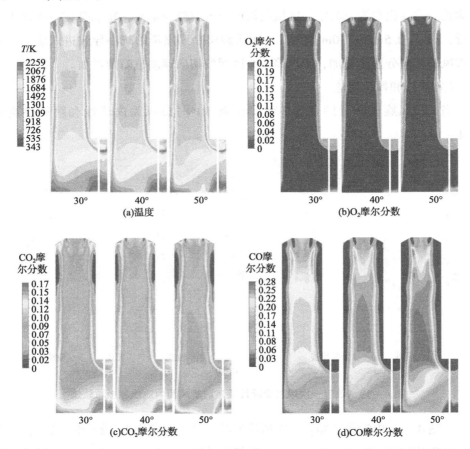

图4-20　一次风旋流叶片倾角对筒内纵截面温度分布和组分浓度分布的影响

当一次风旋流叶片倾角减小时,一次风旋流强度增大,切向分速度增大。在一次风入口段,随着一次风旋流叶片倾角的减小,旋流强度更大的一次风对气流的扰动作用更强烈,使得析出的挥发分迅速燃烧,一次风入口段的高温区扩大。同时,跟随一次风进入旋风筒内的煤粉颗粒进一步向壁面浓集,特别是当一次风旋流叶片倾角为30°时,煤粉颗粒在靠近壁面处浓集使得高温区贴紧旋风筒壁面。需要注意的是,一次风入口段的高温区贴紧壁面可能引起喷燃器区域结渣,造成喷燃器堵塞,影响旋风筒安全运行。在二次风入口段、主燃区和出口段,一次风旋流叶片倾角的减小使得旋风筒内主气流的高温区域向旋风筒壁面移动,壁面附近的次高温区减薄,旋风筒中心的低温区扩大。一次风旋流叶片倾角的减小使壁面附近的烟气温度升高,有利于维持液态渣层表面的温度,实现稳定的液态排渣。

当一次风旋流叶片倾角为 30°、40° 和 50° 时旋风筒纵截面 $O_2$、$CO_2$ 和 CO 的组分浓度分布情况如图 4 -20(b) ~ (d)所示。减小一次风旋流叶片倾角增大了气流的旋流强度,使一次风向旋风筒壁面偏移,旋风筒内贴紧壁面的高 $O_2$ 浓度区受到挤压,如图 4 -20(b)所示。$CO_2$ 浓度分布的变化与温度分布的变化相似,随着一次风旋流叶片倾角的减小,位于主流区的 $CO_2$ 高浓度区向壁面靠近,压缩了贴近壁面的 $CO_2$ 次高浓度区,旋风筒中心区域的 $CO_2$ 低浓度区扩大,浓度升高。这是因为一次风向壁面偏移加强了一次风入口段处一次风和二次风的掺混,燃烧更充分,产生更多的 $CO_2$ 向旋风筒中心区域扩散。同时,旋风筒中心区域的CO 高浓度区扩大,但浓度降低。

一次风旋流叶片倾角对沿旋风筒轴向截面平均温度的影响如图 4 -21 所示。一次风旋流叶片倾角的减小使得一次风旋流强度增大,切向分速度增大,增大了一次风的穿透能力,一次风从喷燃器流出后更靠近壁面流动,加强了一次风和二次风的掺混。总的来说,当一次风旋流叶片倾角减小时,旋风筒沿轴向截面平均温度呈上升趋势。

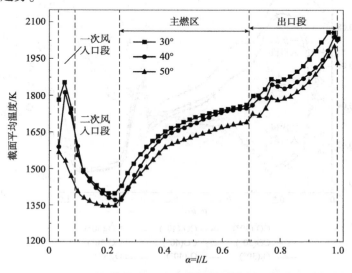

图 4 -21　一次风旋流叶片倾角对沿旋风筒轴向截面平均温度的影响

一次风旋流叶片倾角对沿旋风筒轴向截面平均 $O_2$、$CO_2$ 和 CO 的摩尔分数的影响，如图 4 - 22 所示。在一次风入口段，该区域为富燃料低 $O_2$ 区域，煤粉颗粒进入旋风筒后，在高温气体的包裹下，大量挥发分析出，随着一次风旋流叶片倾角的减小，一次风旋流强度增大，挥发分燃烧更剧烈，燃烧消耗更多 $O_2$，使燃料未完全燃烧的程度更深，产生更多 CO。因此，在一次风入口段，$O_2$ 浓度随着一次风旋流叶片倾角的变化趋势为 $C_{O_2}(30°) < C_{O_2}(40°) < C_{O_2}(50°)$，CO 浓度变化趋势为 $C_{CO}(50°) < C_{CO}(40°) < C_{CO}(30°)$。在二次风入口段，由于二次风的引入，为燃烧提供了更多 $O_2$，一次风旋流叶片倾角的减小使一次风向壁面偏移，一次风和二次风混合更为均匀，燃烧更剧烈，消耗更多 $O_2$。因此，随着一次风旋流叶片倾角的减小，$O_2$ 在二次风入口段的截面平均 $O_2$ 浓度降低，由于旋风筒内过量空气系数低，剧烈燃烧产生的 CO 更多，对应 $CO_2$ 的浓度变化趋势为 $C_{CO_2}(30°) < C_{CO_2}(40°) < C_{CO_2}(50°)$。在旋风筒主燃区下部，由于燃烧的稳定进行并不断消耗 $O_2$，一次风旋流叶片倾角不同时截面平均 $CO_2$ 和 CO 的摩尔分数变化不大，而一次风旋流叶片倾角为 50° 时残余的 $O_2$ 量更多。在旋风筒出口段主要是未燃尽的高温烟气和未燃尽焦炭颗粒的燃烧，由于出口段旋风筒壁面的导流作用，高温烟气和煤粉颗粒强烈混合，使烟气中未燃尽的成分燃尽，一次风旋流叶片倾角不同时截面平均 $O_2$ 浓度趋于一致。$CO_2$ 和 CO 的浓度变化趋势为

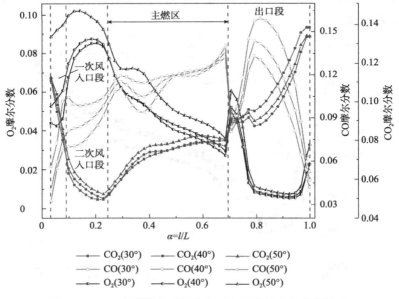

图 4 - 22 一次风旋流叶片倾角对各组分浓度分布的影响

$C_{CO}(30°) < C_{CO}(40°) < C_{CO}(50°)$，而 $C_{CO_2}(40°) < C_{CO_2}(50°) < C_{CO_2}(30°)$。这是因为一次风旋流叶片倾角为 50°时，进入旋风筒出口段的 $O_2$ 浓度更高，由于气流的强烈混合，未燃尽成分剧烈燃烧，将产生大量的 $CO_2$ 和 CO，且主要将未燃尽的焦炭转化为 CO，导致截面平均 CO 的浓度较高。

旋风筒出口截面平均温度及各组分摩尔分数见表 4-2。随着一次风旋流叶片倾角的减小，旋风筒内燃烧更为强烈，出口截面平均温度升高，出口截面平均 $CO_2$ 摩尔分数升高，CO 摩尔分数降低。当一次风旋流叶片倾角为 40°时，旋风筒内燃烧更为充分，出口截面平均 $O_2$ 摩尔分数最低，为 0.020。

表 4-2　旋风筒出口截面平均温度及各组分摩尔分数

| 一次风旋流叶片倾角 | 温度/K | $O_2$ 摩尔分数 | $CO_2$ 摩尔分数 | CO 摩尔分数 |
|---|---|---|---|---|
| 30° | 1998 | 0.022 | 0.126 | 0.059 |
| 40° | 1984 | 0.020 | 0.121 | 0.071 |
| 50° | 1926 | 0.027 | 0.112 | 0.075 |

## 4.4　主炉膛内流动及燃烧特性

### 4.4.1　旋风筒出口速度矢量图

旋风筒出口处烟气带有强烈的旋转，为了更好地模拟主炉膛的燃烧，本研究将旋风筒和主炉膛分开模拟，从旋风筒出口截面上读出温度及速度数据，导入炉膛入口截面。旋风筒出口速度矢量图如图 4-23 所示，从中可以明显看出旋风筒出口烟气仍有残余旋转。

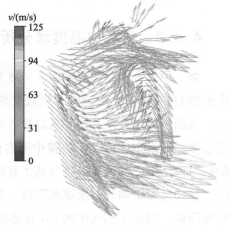

### 4.4.2　流线与颗粒轨迹

旋风炉炉膛内的烟气流线和飞灰颗粒迹线如图 4-24(a)、(b)所示。图中烟气流线与飞灰颗粒迹线十分相似，即飞灰颗

图 4-23　旋风筒出口速度矢量图

粒随烟气的流动而运动。从左、右墙底部进入炉膛的烟气在炉底中部混合后随烟气向上流动，在炉膛中部，烟气与燃尽风混合后由炉膛出口流出，燃尽风从 OFA 喷口进入炉膛后也随烟气流向上流动。从飞灰颗粒迹线可以看出，大部分飞灰颗粒随烟气从炉膛出口流出，也有少量的飞灰颗粒被炉底所捕捉，并以渣的形式流入渣池。

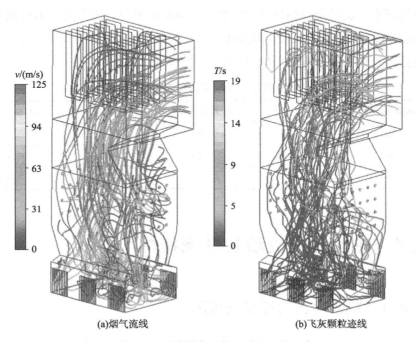

(a)烟气流线          (b)飞灰颗粒迹线

**图 4-24  旋风炉炉膛内烟气流线和飞灰颗粒迹线**

## 4.4.3  流场与温度场分析

为了便于分析，选取如图 4-25 所示的炉膛入口旋向(6 个旋风筒旋向皆朝向前墙)进行分析。炉膛纵、横截面的速度和温度分布如图 4-26~图 4-29 所示。从图中可以看出，炉膛入口带有残余旋转的烟气进入炉膛并在上升过程中向前墙和左墙发生偏移，于炉膛中部右侧形成明显的低速区，并对 OFA 喷口喷入的燃尽风产生影响。高温烟气从炉底进入炉膛后开始向周围水冷壁辐射传热，在向上流动过程中烟气温度逐渐降低。当温度较低的燃尽风喷入炉膛后，炉膛温度略微降低，但由于烟气中的 CO 在燃尽风的作用下燃烧放热，使得 OFA 喷口附近局部温度升高。燃尽风喷入后烟气中可燃组分的燃烧主要发生在 OFA 射流的上方区域，由于受到下方旋转气流的影响，燃尽风向左墙发生偏移，导致左墙上部形成局部高温区，可能会造成水冷壁结渣现象。烟气向上依次流过截面 E 和 F，在这两个截面处烟气速度分布已逐渐趋于均匀。炉膛上部烟气中的 CO 基本燃尽，在水冷壁的吸热作用下炉膛温度逐渐降低。

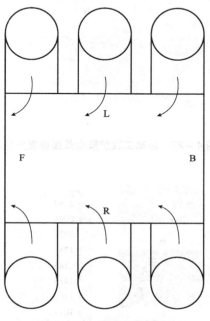

图 4 - 25　炉膛入口旋向

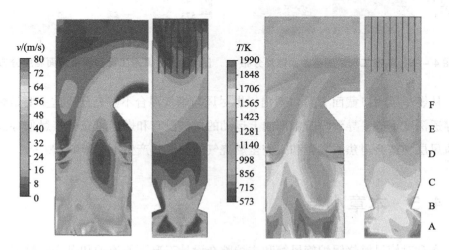

图 4 - 26　基准工况炉膛纵截面速度与温度分布

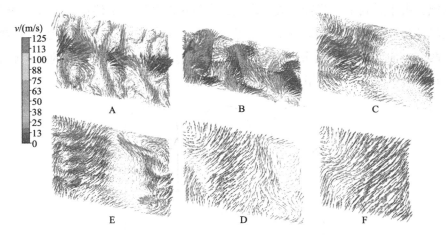

图4-27　基准工况炉膛横截面速度矢量图

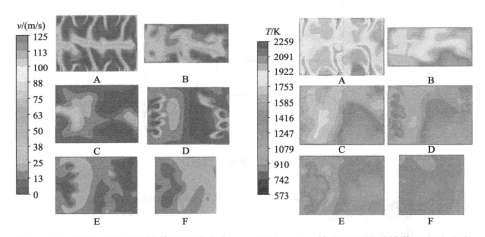

图4-28　基准工况炉膛横截面速度分布　　图4-29　基准工况炉膛横截面温度分布

　　从燃尽风喷口截面E可以看出，燃尽风与烟气混合不够充分，这主要是燃尽风穿透深度不够，导致炉膛中部向上运动的烟气没有和燃尽风充分接触便穿过燃尽风风层，这会对焦炭颗粒和未完全燃烧气体的燃尽产生不利影响。

## 4.5　本章小结

　　本章对旋风燃烧锅炉旋风筒和主炉膛在设计工况下的流动和燃烧特性进行了数值模拟研究，采用热力计算的计算结果与数值模拟结果进行了验证。并研究了一次风旋流叶片倾角（30°、40°和50°）对旋风筒内空间流动、燃烧特性的影响及不同粒径（10～210μm）颗粒在旋风筒内的沉积特性。得出以下主要结论：

（1）旋风筒内气流呈明显切圆，旋转强度大，切向旋转前进的气流带动煤粉颗粒在旋风筒内高速前进，大部分颗粒在离心力作用下与壁面碰撞。旋风筒内的主流区在靠近旋风筒壁面区域，在主流区内，切向速度控制气流运动，燃烧剧烈，烟气温度较高，$CO_2$浓度也较高。

（2）一次风旋流强度随着一次风旋流叶片倾角的减小而增大，当一次风旋流叶片倾角减小时，一次风的切向分速度增大，轴向分速度减小，更有利于形成中心回流区回流高温烟气。同时，一次风旋流叶片倾角减小使颗粒与旋风筒壁面碰撞的位置沿旋风筒轴向上移，且颗粒与旋风筒壁面碰撞的机会也增多。一次风旋流叶片倾角减小使旋风筒内主气流区更贴近旋风筒壁面，近壁区温度升高，有利于维持液态渣层表面温度，且由于一次风和二次风掺混更强烈，旋风筒截面平均温度升高，出口截面平均温度升高，但一次风旋流叶片倾角过小可能造成喷燃器堵塞。当一次风旋流叶片倾角为40°时，旋风筒内燃烧更为充分，出口截面平均$O_2$摩尔分数最低，为0.020。

（3）不同粒径颗粒在旋风筒壁面不同位置被壁面捕捉，随着颗粒粒径的增大，颗粒与壁面碰撞区域沿旋风筒轴向上移，颗粒与壁面碰撞的机会增多。当颗粒粒径较大时，在二次风入口段，颗粒即有较多机会与壁面碰撞，但壁面为非黏性壁面，颗粒与壁面碰撞后被反弹。粒径较小的颗粒跟随性更好，当颗粒粒径为10μm时，颗粒被壁面捕集的概率仅为29.4%。当投入颗粒粒径增加到50μm时，颗粒捕集概率迅速增加至95.8%。当颗粒粒径大于110μm时，由于颗粒携带着较大的动能使与壁面碰撞的颗粒被反弹，颗粒捕集概率随着粒径的增加缓慢下降。该立式旋风燃烧锅炉的最佳颗粒粒径为70～110μm，当颗粒粒径在此区间时，颗粒捕集概率较高，在99.4%以上，且颗粒能在旋风筒主燃区的上部区域被捕捉。

# 5　旋风燃烧锅炉的渣层行为特性

为保证采用液态排渣方式的旋风燃烧锅炉安全稳定地运行，其旋风筒内壁需形成稳定的渣层且熔渣能稳定持续地排出旋风筒外。稳定的渣层有助于维持旋风筒内的高温且减轻耐火材料和管壁的侵蚀。太薄或黏度较低的渣层都不能有效保护耐火材料和管壁，如旋风燃烧锅炉长时间燃烧低灰含量燃料可能难以在旋风筒内壁形成稳定的渣层，造成耐火材料层损坏，使水冷壁暴露在高温烟气中而遭到侵蚀。灰含量和灰熔融特性显著影响渣层形成和熔渣流动。因此，判断燃料是否适合采用旋风燃烧方式燃烧，不仅需要考虑燃料的发热量、水分和挥发分含量及着火、燃尽特性等，还需要考虑与渣层形成和熔渣流动相关的燃料特性，如燃料的灰含量、临界黏度温度及灰的化学组成等。本章将研究临界黏度温度、灰含量和助熔剂添加量等燃料特性对渣层形成、熔渣流动及渣层传热特性的影响。

为了维持旋风筒内的高温水平，且保护水冷壁不受熔渣以及高温烟气和高速运动的气流和颗粒的侵蚀，旋风筒内壁通常敷设耐火材料。耐火材料材质根据灰渣的化学性质(灰渣是碱性灰渣还是酸性灰渣)进行选择。如果灰渣是酸性的，则应当选择抗酸性的耐火材料，以保证耐火材料的稳定性。目前，通常用于旋风燃烧锅炉的耐火材料有铬铁耐火材料、磷酸盐耐火混凝土和碳化硅耐火材料。铬铁耐火材料由铬铁矿 $Cr_2O_3 \cdot FeO$ 与少量结合剂制成，能较好地抵抗熔渣的侵蚀，但其温度急变抵抗性较差，这种耐火材料在 20 世纪 60 年代被普遍采用，但使用效果不理想。磷酸盐耐火混凝土具有耐火度高、高热稳定性和较高的化学稳定性等特点，通常用来制作旋风燃烧锅炉燃尽室炉底。碳化硅耐火材料硬度和耐磨度较高，耐温度急变性能好，抗酸性灰渣侵蚀性能很高，抗碱性灰渣性能较低。某旋风燃烧锅炉实际运行显示，磷酸铝黏结的碳化硅耐火材料在温度骤变后表面不产生微观龟裂现象，耐火材料与酸性灰渣的浸润性差[149]。因此，从已运行的旋风燃烧锅炉的耐火材料的选取来看，对于酸性灰渣，碳化硅耐火材料是目前最为理想的耐火材料。耐火材料的敷设厚度对旋风筒的投资和稳定运行非常重要，因此，本章将研究旋风筒内采用碳化硅作为耐火材料并燃烧紫金烟煤（$T_{cv} = 1427K$）时，耐火材料厚度对熔渣流动及渣层传热特性的影响。

## 5.1　熔渣行为研究的求解策略

在旋风筒内，煤颗粒经过空间的燃烧后形成煤灰颗粒，一部分煤灰颗粒被旋风筒壁面捕捉进而形成渣层，旋风筒壁面的液态渣沿着筒壁流动，最后经排渣口排出筒外。旋风筒内空间的流动和燃烧影响灰颗粒沉积和熔渣流动，反过来，渣层的形成也影响旋风筒内空间的流动和燃烧。因此，在研究旋风筒内熔渣的流动特性和渣层的传热特性时，不仅要关注液态渣的流动，还需关注筒内空间的流动和燃烧。近年来旋风燃烧锅炉发展缓慢，研究旋风筒内熔渣流动和渣层传热特性的文献报道较少，但已有文献给出了液态排渣气化炉内熔渣流动和渣层的传热特性。液态排渣气化炉在一定压力下将固体燃料转化成合成气（$CO + H_2$），而旋风燃烧锅炉旋风筒是在微负压下产生高温烟气。虽然气化炉和旋风筒的工作机理和工作压力不同，但同样作为液态排渣燃烧装置，气化炉和旋风筒内熔渣形成过程包括颗粒沉积和熔渣流动是相似的。因此，本研究在气化炉熔渣相关模型的基础上针对旋风筒建立熔渣相关模型，并研究了旋风筒内熔渣流动及渣层传热特性。数值研究思路如图 5-1 所示。

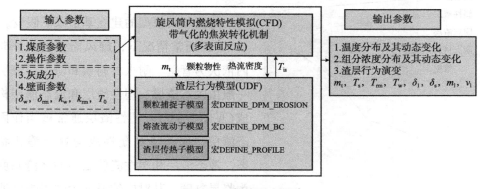

**图 5-1　数值研究思路**

　　研究旋风筒内熔渣流动及渣层传热特性的数值模拟主要分为两部分：一是通过商业软件已有模型研究旋风筒内空间的流动和燃烧；二是采用用户自定义函数（UDF）的方式将熔渣相关模型嵌入商业软件中耦合研究熔渣流动和渣层传热特性。熔渣相关模型包括3个子模型：颗粒捕捉子模型、熔渣流动子模型和渣层传热子模型。采用宏 DEFINE_ DPM_ EROSION 计算颗粒的碰撞及黏附速率，采用宏 DEFINE_ DPM_ BC 判定每一个与壁面碰撞的颗粒碰撞后的状态（反弹/黏附），采用宏 DEFINE_ PROFILE 计算与熔渣流动和渣层传热相关的参数，计算所需参数和所得参数均存储在用户自定义存储（UDMs）中。

　　数值研究中，不仅要输入煤质工业分析、元素分析参数以及旋风筒运行参数，还需输入灰成分分析和水冷壁管壁及耐火材料层参数（导热率和厚度）。为了加快数值计算收敛，在旋风筒内空间的流动和燃烧收敛后，再加载熔渣相关模型的用户自定义函数进行计算。旋风筒内空间的数值计算和熔渣相关的数值计算需进行数据交互，旋风筒内空间计算得到的颗粒与壁面碰撞流率、颗粒温度、颗粒速度、颗粒物性和旋风筒内空间传递到渣层表面的热流密度需传递给用户自定义函数，经熔渣相关模型的计算后，需将颗粒碰撞后的状态（捕捉/反弹）作为颗粒相的边界条件返回旋风筒内空间的计算，将计算得到的液态渣层表面温度作为第二类热边界条件返回旋风筒内空间的计算。旋风筒内空间的流动和燃烧的计算与熔渣相关的计算均收敛后，才能得到最终解，不仅可以得到旋风筒内的温度分布和组分分布等，还可以得到熔渣相关参数，如颗粒与壁面的碰撞流率、被壁面捕捉的颗粒质量流率、液态渣层厚度、固态渣层厚度、液态渣流动速度、液态渣层表面温度、耐火材料表面温度和管壁温度等。

　　熔渣相关模型的建立基于以下假设。

　　（1）通常情况下，旋风筒壁面从外向内依次为管壁、耐火材料层和渣层。渣层一般由固态渣层、塑性渣层和液态渣层构成（见图5-2）。塑性渣层通常被当作固态渣层，固态渣和塑性渣均处于静止状态。液态渣层和塑性渣层之间的熔渣黏度为临界黏度，其对应的温度为临界黏度温

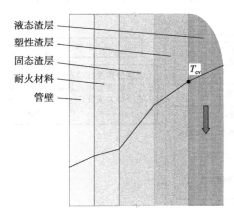

液态渣层 ——
塑性渣层 ——
固态渣层 ——
耐火材料 ——
管壁 ——

$T_{cv}$

图5-2　渣层示意

度($T_{cv}$)。

（2）忽略固态渣层的运动，由于完全熔化的硅酸盐熔融物是牛顿流体[129,150]，因此，把液态渣当作牛顿流体，即其剪切力遵循牛顿内摩擦力定律[72,74]。

（3）由于颗粒和气体密度较大，忽略高速运动的气体对液态渣的作用力[74]，液态渣在重力和被捕捉颗粒惯性力作用下向下流动。

（4）忽略被捕捉颗粒的低速燃烧[85]。

（5）假设液态渣的温度与其厚度呈三次方关系[74]。

（6）与计算相关的液态渣和固态渣的物性参数均为平均温度下的物性。液态渣层平均温度可由温度分布积分得到：

$$T_{m} = \frac{\int_0^{\delta_1} T(x)\,\mathrm{d}z}{\int_0^{\delta_1} \mathrm{d}z} \tag{5-1}$$

求得液态渣层平均温度为：

$$T_{m} = \frac{5T_{s}}{8} + \frac{3T_{cv}}{8} - \frac{q_{in}\delta_1}{8k} \tag{5-2}$$

式中：$T_{s}$ 为液态渣层表面温度；$\delta_1$ 和 $k$ 分别为液态渣层厚度和导热率。与前两项相比，$\dfrac{q_{in}\delta_1}{8k}$ 为微小量，计算中忽略不计。

## 5.2　熔渣流动及传热特性的求解模型

由于旋风燃烧锅炉的发展在很长一段时间处于停滞状态，现有文献中未见旋风筒熔渣模型的相关报道，本研究针对旋风筒建立熔渣相关模型。旋风筒和气化炉内熔渣的流动特性相似，但由于旋风筒采用水冷壁的冷却系统，而气化炉通常采用水冷壁或耐火砖的冷却系统，不同冷却系统的传热边界条件不同，文献中通常针对采用耐火砖的气化炉建立传热边界条件。因此，需针对旋风筒采用水冷壁的特殊形式，分析渣层在旋风筒壁面的存在形式，建立预测通过旋风筒壁面的热流密度的传热模型，并完善液态排渣旋风筒内颗粒沉积模型、颗粒捕捉模型及熔渣流动模型。

## 5.3 颗粒捕捉模型

当煤灰颗粒碰撞到旋风筒内壁时，颗粒可能被壁面反弹，也可能被壁面或者壁面已经形成的渣层捕捉，煤灰颗粒被渣层捕捉后，会被随后源源不断黏附的煤灰颗粒覆盖。若刚黏附的灰颗粒要侵入渣层或已经被覆盖的颗粒要重新移动到渣层表面，则需要颗粒的惯性去克服熔渣层和颗粒间的表面张力。Montagnaro 和 Salatino[100]采用数量级分析法确定了颗粒不会侵入渣层，并且，一旦颗粒被后续黏附的颗粒覆盖，也不会再移动到渣层表面或返回空间流动。因此在数值计算中，将被捕捉颗粒的质量、动量和能量都添加至渣层的守恒方程中。

颗粒与壁面碰撞后的状态见表 5 - 1。将颗粒和壁面分为黏性和非黏性的，当熔融态的黏性煤灰颗粒（颗粒温度高于 $T_{cv}$）碰撞到非黏性壁面（壁面温度低于 $T_{cv}$）时，由于壁面未形成稳定的渣层，颗粒黏附将引起沾污或颗粒将被反弹；当黏性颗粒与黏性壁面碰撞时，颗粒会被黏性壁面捕捉；而非黏性颗粒碰撞到非黏性壁面时，颗粒会被反弹；当非黏性颗粒碰撞到黏性壁面时，则需引入颗粒捕捉判定准则来区分被反弹和被捕捉的颗粒。本研究采用 Yong 等[73]提出的颗粒捕捉判定准则，通过比较颗粒的动能与颗粒和熔渣层之间的表面张力来判定颗粒碰撞到壁面或熔渣层时被捕捉或反弹。

表 5 -1　颗粒与壁面碰撞后的状态

| 项目 | 黏性颗粒 | | 非黏性颗粒 | |
|---|---|---|---|---|
| | $We < We_{cr}$ | $We > We_{cr}$ | $We < We_{cr}$ | $We > We_{cr}$ |
| 黏性壁面 | 捕捉并形成熔渣层 | | 捕捉 | 反弹 |
| 非黏性壁面 | 沾污 | 反弹 | 反弹 | |

熔融态颗粒是否被黏附与颗粒和熔渣层的表面张力、颗粒的碰撞速度和颗粒直径有关。因此，可通过比较颗粒的惯性力和颗粒以及渣层间的表面张力来判定颗粒是否被捕捉，Yong 等引入了一个无量纲数 Weber 数：

$$We = \frac{\rho_p v_p^2 d_p}{\sigma} \tag{5-3}$$

式中：$\rho_p$ 为颗粒的密度，kg/m$^3$；$v_p$ 为颗粒的速度，m/s；$d_p$ 为颗粒的直径，m。$\sigma$ 为渣层和颗粒之间的表面张力，可表示为：

$$\sigma = \sigma_p - \sigma_s\cos\theta \tag{5-4}$$

式中：$\theta$ 为接触角，Shannon 等[151]通过实验确定其值为120°。

当 Weber 数超过临界值时，颗粒与壁面碰撞后将会反弹。本研究将临界 Weber 数（$We_{cr}$）设置为1。

## 5.4　熔渣流动模型

旋风筒稳定运行时，渣层厚度和熔渣流动最终会趋于稳定。因此，熔渣稳定流动时的特性能反映旋风筒的工作性能。另外，考虑非稳态模型的计算代价，本研究采用 Yong 等[73]提出的稳态模型研究熔渣流动。由于旋风筒在结构上近似轴对称，因此将熔渣在周向的分布平均。要求解旋风筒内熔渣流动，需沿着旋风筒轴向，从旋风筒顶部至底部针对每一个壁面网格建立质量守恒方程和动量守恒方程。

在稳定状态下，壁面每一个计算网格 $j$ 内熔渣质量的增量为0。网格 $j$ 的质量守恒方程如图5-3所示，只有被壁面捕捉的颗粒能对渣层的形成有贡献，质量守恒方程如式(5-5)所示：

$$\dot{m}'_{ex,j} = \dot{m}''_{t,j}\Delta x + \dot{m}'_{ex,j-1} \tag{5-5}$$

式中：$\dot{m}'_{ex,j}$ 为网格 $j$ 内单元长度内液态渣的质量流率，kg/(m·s)；$\dot{m}''_{t,j}$ 为被捕捉颗粒在单位面积的质量流率，kg/(m$^2$·s)。$\dot{m}'_{ex,j}$ 还可以写为：

$$\dot{m}'_{ex,j} = \rho_j\delta_{1,j}u_{j,avg} \tag{5-6}$$

式中：$\rho_j$ 为液态渣的密度，kg/m$^3$；$\delta_{1,j}$ 为液态渣层厚度，m；$u_{j,avg}$ 为网格 $j$ 内液态渣流动的平均速度，m/s。

对于立式旋风筒，液态渣在重力作用下向下流动，如图5-4所示。在线性坐标系下，液态渣层内部的剪切力遵循式(5-7)：

$$\frac{d}{dx}\left(\mu\frac{du}{dx}\right) = -\rho g\sin\alpha$$
$$x=0;\ \mu\frac{\partial u}{\partial x} = -\tau \tag{5-7}$$
$$x=\delta_1;\ u=0$$

式中：$\mu$ 为液态渣的黏度，Pa·s；$g$ 为重力加速度，m/s²；$\alpha$ 为立式旋风筒与水平线的夹角；$\tau$ 为液态渣层表面的切应力，Pa。气流施加给渣层表面的切应力远远小于高速运动的颗粒施加到渣层表面的切应力，液态渣层表面剪切力主要由被捕捉颗粒引起[31,78]，渣层表面剪切力由被捕捉颗粒的惯性力转化而来，假设转化过程中没有能量的损失，剪切力可表示为：

$$\tau \pi D \Delta x \Delta x = \frac{1}{2} u_p^2 \dot{m}_{t,j}'' \pi D \Delta x \Delta t \tag{5-8}$$

式中：$D$ 为旋风筒直径，m；$u_p$ 为颗粒的运动速度，m/s。

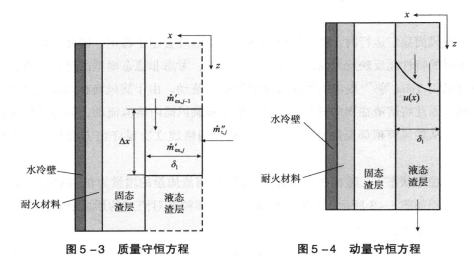

图 5 - 3　质量守恒方程　　　　　图 5 - 4　动量守恒方程

对方程积分，并联立方程即可求得液态渣沿轴向流动速度的基本解：

$$u(z) = -\frac{1}{2\mu} \rho g \sin\alpha \delta_1^2 \left(1 - \frac{z}{\delta_1}\right)^2 + \left(\frac{\tau \delta_1}{\mu} + \frac{\rho g \delta_1^2 \sin\alpha}{\mu}\right)\left(1 - \frac{z}{\delta_1}\right) \tag{5-9}$$

联立式(5-9)和式(5-5)，即可求得液态渣层的厚度和平均流动速度：

$$u_{avg} = \frac{1}{\delta_1} \int_0^{\delta_1} u(z)\,\mathrm{d}r = \frac{\rho g \sin\alpha \delta_1^2}{3\mu} + \frac{\tau \delta}{2\mu} \tag{5-10}$$

$$\delta_1 = \left(\frac{\sum_{j=0}^{j} \dot{m}_{ex,j}' \mu}{\frac{1}{3}\rho^2 g \sin\alpha + \frac{1}{4}\frac{u_p^2 \dot{m}_{d,j}'' \rho^2}{2\sum_{j=0}^{j} \dot{m}_{ex,j}'}}\right)^{\frac{1}{3}} \tag{5-11}$$

## 5.5 渣层传热模型

　　旋风筒和气化炉内熔渣的流动特性相近，但由于采用不同的冷却系统，它们的热边界条件不同。旋风筒筒体通常由上下两个环形集箱和沿圆周密布的水冷壁管连接而成。水冷壁管的向火侧焊有销钉，敷设耐火材料，如图 5 – 5(a) 所示。旋风筒内壁的渣层和耐火材料不仅可以维持旋风筒内的高温，还能减少熔融灰颗粒和高速流动的气体对水冷壁的侵蚀。而气化炉炉壁通常装有水冷壁或耐火砖，如图 5 – 5(a)、(b) 所示。文献中通常针对采用耐火砖的气化炉建立传热边界条件，即假设气化炉内壁面附着固态渣或液态渣。采用耐火砖的气化炉，由于耐火砖导热率低，耐火砖表面温度通常高于熔渣的临界黏度温度，导致只有液态渣附着在耐火砖表面。当耐火砖表面温度低于临界黏度温度时，液态渣和固态渣都存在。而对于采用水冷壁的旋风筒，渣的存在形式有三种：一是在旋风筒的低温区域，筒内的温度太低以至于不能形成渣层，筒壁没有液态渣和固态渣，如图 5 – 6(a) 所示。二是在附着有渣层的旋风筒壁面区域，耐火材料的表面温度通常低于临界黏度温度，因此，固态渣层和液态渣层均存在，如图 5 – 6(b) 所示。三是在旋风筒内的高温区域，若耐火材料足够厚，则耐火材料的表面温度可能高于临界黏度温度，固态渣层会消失，如图 5 – 6(c) 所示。因此，对于采用水冷壁和耐火砖的燃烧装置，渣层组成最大的不同在于是否有渣层存在以及是否有固态

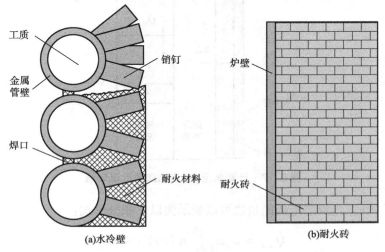

(a)水冷壁　　　　　　　　　　(b)耐火砖

**图 5 – 5　冷却方式**

渣层存在。鉴于气化炉和旋风筒的冷却方式不完全相同，需针对旋风筒建立传热边界条件。

通过旋风筒壁面的传热机制如图 5 - 6 所示，旋风筒内燃烧的热量通过对流和辐射从气体层传递到渣层，随后依次传递到耐火材料层和水冷壁，最后热量被水冷壁内工质带走。

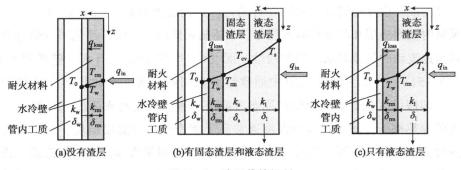

图 5 - 6　渣层传热机制

计算单元 $j$ 内液态渣的能量守恒如图 5 - 7 所示，其能量守恒方程可以表示为：

$$\dot{Q}_{ex,j} = \Delta\dot{Q} + \dot{Q}_{ex,j-1} = \dot{Q}_{in,j} + \dot{Q}_{t,j} + \dot{Q}_{ex,j-1} \qquad (5-12)$$

式中：$\dot{Q}_{ex,j}$ 为单位长度的热流率，W/m。

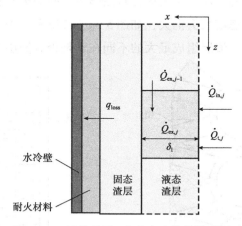

图 5 - 7　计算单元 $j$ 内液态渣的能量守恒

计算单元 $j$ 内液态渣的能量也可以表示为以下积分形式：

$$\dot{Q}_{ex,j} = \rho_{1,j} c_{1,j} \int_0^{\delta_{1,j}} u_j(x) T_j(x)\, \mathrm{d}x \qquad (5-13)$$

式中：$u_j(x)$ 和 $T_j(x)$ 分别为液态渣层的速度和温度分布；$\rho_{1,j}$ 和 $c_{1,j}$ 分别为计算单

元 $j$ 内液态渣的密度和比热容。

液态渣层的热边界条件如式(5-14)所示：

$$\begin{cases} x=0; & T=T_{s}; & \dfrac{\partial T}{\partial x}=-\dfrac{q_{in}}{k_1} \\[3mm] x=\delta_1; & T=T_{cv}; & \dfrac{\partial^2 T}{\partial x^2}=0 \end{cases} \tag{5-14}$$

对于附着有固态渣层和液态渣层的旋风筒壁面，传热方程可写为：

$$q_{loss}=\frac{k_s}{\delta_s}(T_{cv}-T_{rm})=\frac{k_{rm}}{\delta_{rm}}(T_{rm}-T_w)=\frac{k_w}{\delta_w}(T_w-T_0) \tag{5-15}$$

可得到各界面温度为：

$$\begin{cases} T_s=\left(q_{loss}+\dfrac{q_{in}}{2}\right)\dfrac{\delta_1}{1.5k_1}+T_{cv} \\[3mm] T_{rm}=q_{loss}\left(\dfrac{\delta_{rm}}{k_{rm}}+\dfrac{\delta_w}{k_w}\right)+T_0 \\[3mm] T_w=q_{loss}\dfrac{\delta_w}{k_w}+T_0 \end{cases} \tag{5-16}$$

固态渣层厚度为：

$$\delta_s=k_s\left(\frac{T_{cv}-T_0}{q_{loss}}-\frac{\delta_{rm}}{k_{rm}}-\frac{\delta_w}{k_w}\right) \tag{5-17}$$

式中：$q_{loss}$ 为通过旋风筒壁面传递给管内工质的热流密度，$W/m^2$；$k_1$、$k_s$、$k_{rm}$ 和 $k_w$ 分别为液态渣、固态渣、耐火材料和壁面的导热系数，$W/(m \cdot K)$；$\delta_s$、$\delta_{rm}$ 和 $\delta_w$ 分别为固态渣、耐火材料和壁面的厚度，m；$T_{rm}$、$T_w$ 和 $T_0$ 分别为耐火材料表面、水冷壁表面和工质温度，K。

当只有液态渣层存在时，传热方程可表示为：

$$q_{loss}=\frac{k_{rm}}{\delta_{rm}}(T_{rm}-T_w)=\frac{k_w}{\delta_w}(T_w-T_0) \tag{5-18}$$

各界面温度为：

$$\begin{cases} T_s=q_{loss}\left(\dfrac{\delta_{rm}}{k_{rm}}+\dfrac{\delta_w}{k_w}+\dfrac{\delta_1}{1.5k_1}\right)+q_{in}\dfrac{\delta_1}{3k_1}+T_0 \\[3mm] T_{rm}=q_{loss}\left(\dfrac{\delta_{rm}}{k_{rm}}+\dfrac{\delta_w}{k_w}\right)+T_0 \\[3mm] T_w=q_{loss}\dfrac{\delta_w}{k_w}+T_0 \end{cases} \tag{5-19}$$

对于没有附着渣层的壁面，传递给水冷壁内工质的热流密度可按式(5-20)计算：

$$q_{loss} = q_{in} = \frac{k_{rm}}{\delta_{rm}}(T_{rm} - T_w) = \frac{k_w}{\delta_w}(T_w - T_0) \qquad (5-20)$$

界面温度为：

$$\begin{cases} T_{rm} = q_{loss}\left(\dfrac{\delta_{rm}}{k_{rm}} + \dfrac{\delta_w}{k_w}\right) + T_0 \\[2mm] T_w = q_{loss}\dfrac{\delta_w}{k_w} + T_0 \end{cases} \qquad (5-21)$$

式中：$q_{in}$ 为单位面积旋风筒内高温气体向壁面传递的热流密度，$W/m^2$。

# 5.6  灰渣物性预测关联式

灰是煤中包含的无机物矿物质在工业炉或燃烧器中燃烧或转化时残留下来的，通常以飞灰或者熔渣的形式排出燃烧器外。在液态排渣旋风燃烧锅炉中，灰颗粒被甩至旋风筒壁面形成渣层，随后以熔渣的形式排出旋风筒外。熔渣在旋风筒内的流动及渣层传热影响旋风筒内的流动和燃烧特性，本研究建立了熔渣相关模型来研究熔渣流动和渣层传热特性。灰渣物性参数是熔渣相关模型的重要参数，包括灰渣的密度、表面张力、临界黏度温度、黏度、比热容和导热系数等。临界黏度温度主要与灰渣的化学成分有关，而其他物性参数主要与灰渣温度和灰渣的化学成分有关。灰渣中的化学成分通常可分为酸性氧化物和碱性氧化物。其中，酸性氧化物包括 $SiO_2$、$Al_2O_3$ 和 $TiO_2$，碱性氧化物包括 $Fe_2O_3$、$CaO$、$MgO$、$Na_2O$ 和 $K_2O$。不同煤产地的煤的化学组成成分差异很大，因此，灰渣物性的差异也很大。X 射线荧光光谱化(XRF)、计算机控制的扫描电子显微镜(CCSEM)等设备通常用来分析灰渣的矿物质组成。由于测量灰渣物性是烦琐且昂贵的工作，因此，学者们通常在总结煤渣、冶金炉渣和岩浆物性参数的基础上给出煤的灰渣物性参数的预测关联式，这些预测关联式通过灰渣的化学成分和灰渣温度来预测灰渣物性。

## 5.6.1  密度

学者们提出了预测液态灰渣密度的经验公式。Mills 等[128]给出了最简单的形式：

$$\rho = 2460 + 18 \times (w_{FeO} + w_{Fe_2O_3} + w_{MnO}) \tag{5-22}$$

式中：$w$ 为质量分数，%。该经验公式的准确度为 ±5%。

更多的预测模型则假定灰渣摩尔体积可由灰渣中各化学组成成分的分摩尔体积求得，Mills 等[128]在总结前人提出的灰渣密度预测模型的基础上，认为熔渣密度随化学组成的变化而变化，并提出了预测液态渣密度的公式：

$$\rho = \frac{\sum M_i x_i}{[1 + 0.0001(T - 1773)] \sum \overline{V}_i x_i} \tag{5-23}$$

式中：$M_i$ 为灰渣中各氧化物的相对分子质量，g/mol；$x_i$ 为氧化物 $i$ 的摩尔分数；$\overline{V}_i$ 为氧化物 $i$ 的摩尔体积，m³/mol，灰渣中各氧化物在 1773K 时的摩尔体积见表 5-2。使用式 (5-23) 预测的灰渣密度与由实验得到的合成渣和炼钢渣密度的误差在 2% 以内。因此，本研究采用式 (5-23) 预测灰渣密度。

表 5-2  灰渣中各氧化物在 1773K 时的摩尔体积

| 成分 | $\overline{V}/(10^{-6} \text{m}^3/\text{mol})$ |
| --- | --- |
| CaO | 20.7 |
| MgO | 16.1 |
| Na$_2$O | 33.0 |
| FeO | 15.8 |
| Fe$_2$O$_3$ | 38.4 |
| MnO | 15.6 |
| TiO$_2$ | 24.0 |
| P$_2$O$_5$ | 65.7 |
| CaF$_2$ | 31.3 |
| SiO$_2$ | $19.55 + 7.966 \times x_{SiO_2}$ |
| Al$_2$O$_3$ | $28.31 + 32 \times x_{Al_2O_3} - 31.45 \times x_{Al_2O_3}^2$ |

## 5.6.2  黏度

灰渣黏度是反映熔渣流动特性的重要参数，很多学者测量了多种煤的灰渣处于牛顿流体状态和非牛顿流体状态时的黏度，并通过模型化研究和拟合实验数据来预测灰渣黏度。学者们提出了很多适用于牛顿流体的灰渣黏度与灰渣成分和灰渣温度关系的经验公式。如基于 Arrhenius 方程的 Shaw 模型、Watt-Fereday 模型和 S[2] 模型，基于 Weymann 方程的 Kalmanovitch – Frank 模型、Streeter 模型、Urbain 模型和 Riboud 模型及基于 Vogel – Fulcher – Tammann 方程的 Lakatos 模型等。Vargas 等[129]曾对上述预测关联式进行了详细比较，这些预测关联式对于不同灰渣黏度的预测精度不同。

其中，基于 Weymann 方程的 Urbain 模型和 Kalmanovitch – Frank 模型应用广泛。Urbain 等[130]对接近 60 种多组成成分的 $SiO_2$ – $Al_2O_3$ – MO 和 $SiO_2$ – $Al_2O_3$ – $M_2O$ 系列灰渣进行研究，提出了预测其黏度的关联式，并将预测的黏度与多组分的天然矿物质的实际黏度进行比较，结果表明该灰渣黏度预测关联式的预测精度较高。Vargas 等[129]和 Mills 等[128]研究表明该黏度预测关联式能合理地预测灰渣黏度。

Urbain 等[130]将液态渣中的成分按照氧化物类型分为三部分：玻璃调整体、两性表面活性体和玻璃形成体。玻璃调整体的摩尔分数 $x_m$ 和两性表面活性体的摩尔分数 $x_g$ 计算如下：

$$\begin{cases} x_m = x_{FeO} + x_{CaO} + x_{MgO} + x_{Na_2O} + x_{K_2O} + x_{MnO} + x_{NiO} + 2(x_{TiO_2} + x_{ZrO_2}) + 3x_{CaF_2} \\ x_g = x_{Al_2O_3} + x_{Fe_2O_3} + x_{B_2O_3} \end{cases} \quad (5-24)$$

并通过 4 个抛物线方程求出参数 $b$：

$$\begin{cases} b_0 = 13.8 + 39.9355a - 44.049a^2 \\ b_1 = 30.481 - 117.1505a + 129.9978a^2 \\ b_2 = -40.9429 + 234.0486a - 300.04a^2 \\ b_3 = 60.7619 - 153.9276a + 211.1616a^2 \\ b = b_0 + b_1 x_{SiO_2} + b_2 x_{SiO_2}^2 + b_3 x_{SiO_2}^3 \\ a = \dfrac{x_m}{x_m + x_g} \end{cases} \quad (5-25)$$

随后给出黏度 $\mu$ 的计算关联式：

$$\begin{cases} \mu = a_0 T \exp\left(\dfrac{10^3 b}{T}\right) \\ a_0 = \exp(-0.2693b - 13.9751) \end{cases} \quad (5-26)$$

Kalmanovitch 和 Frank[151]在 Urbain 黏度模型的基础上，利用 $SiO_2$ – $Al_2O_3$ – CaO – MgO 系灰渣的实验数据优化 Urbain 黏度模型，提出了 $a_0$ 的计算关联式：

$$a_0 = \exp(-0.2812b - 14.1305) \quad (5-27)$$

上述黏度预测模型仅适用于牛顿流体。在旋风筒内形成的渣层中，液态渣处于牛顿流体状态，因此，可采用上述模型预测灰渣黏度。本研究采用基于 Weymann 方程的 Urbain 模型来预测灰渣黏度。

## 5.6.3 临界黏度温度

在熔渣冷却过程中，熔渣由液态过渡到塑性状态时，黏度－温度曲线上往往会发生明显的折变，在折变点温度以下，熔融状态的渣内有大量晶体骤然析出。折变点是绝对黏度区域和塑性黏度区域的分界点，即熔渣冷却过程中牛顿流体转变为塑性流体的点，其对应的黏度通常被称为临界黏度，对应的温度为临界黏度温度($T_{cv}$)，如图 5-8 所示。通常也可以认为液态渣和塑性渣之间的临界温度为临界黏度温度($T_{cv}$)。若将处于临界黏度的渣的温度降低微小量，由于结晶体的形成，将导致熔渣黏度的突变，黏度值快速增大，且渣层内部的切应力突然消失。临界黏度温度是影响熔渣流动特性的重要参数，有学者针对实际煤样采用实验的方法确定临界黏度温度，但实验非常耗时且花费巨大，也有学者通过建立经验关联式来预测临界黏度温度[129]，即通过灰渣的化学组成来确定临界黏度温度。

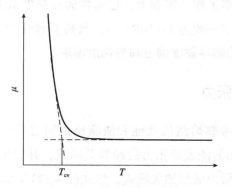

**图 5-8　临界黏度温度示意**

Watt 等[145]针对 63 种煤灰渣的实验数据，忽略掉灰渣中的次要成分，只考虑灰渣中的主要成分，提出临界黏度温度的预测关联式如下：

$$T_{cv} = 3263 - 1470A + 360A^2 - 14.7B + 0.15B^2$$

$$A = w_{SiO_2}/w_{Al_2O_3}$$

$$B = w_{Fe_2O_3} + w_{CaO} + w_{MnO} \tag{5-28}$$

其中，$w_{Fe_2O_3} + w_{CaO} + w_{MnO} + w_{SiO_2} + w_{Al_2O_3} = 100\%$。

Marshak 和 Ryzhakov[129]针对苏联煤种提出了一个预测关联式：

$$T_{cv} = 0.75 T_s + 548 \qquad (5-29)$$

式中：$T_s$ 为按照苏联标准测得的灰渣软化温度。

张经武等[149]提出的经验关联式如式(5-30)所示：

$$T_{cv} = 0.75 T_s + 480 \qquad (5-30)$$

$T_s$ 为按照我国通行的煤炭科学研究院颁行的角锥法测得的灰渣软化温度。根据对试验数据的分析统计，张经武等认为，对于灰成分中 $w_{SiO_2} < 60\%$ 且 $w_{SiO_2} + w_{Al_2O_3} > 50\%$ 的煤灰渣，利用式(5-30)计算得到的临界黏度温度与实测值偏差不大于 $\pm 75℃$。

Seggiani[72]认为临界黏度温度与灰渣中酸碱比有关，给出临界黏度温度关联式如下：

$$T_{CV} = 1385.44 + 74.1 \times \frac{w_{SiO_2} + w_{Al_2O_3} + w_{TiO_2}}{w_{Fe_2O_3} + w_{CaO} + w_{MnO} + w_{Na_2O} + w_{K_2O}} \qquad (5-31)$$

虽然学者们提出了繁多的预测临界黏度温度的关联式，但由于煤种的复杂性，目前尚未有一个经验公式能够准确预测临界黏度温度，使用不同的关联式得到的临界黏度温度可能相差几百摄氏度。因此，要得到可靠的临界黏度温度的预测关联式，仍需要很多工作。工业上，也通常通过黏度值来确定临界黏度温度。液态排渣炉的熔渣黏度一般为 $5 \sim 10 Pa \cdot s$，最高不超过 $25 Pa \cdot s$。因此，本书在5.7.3 节以 $25 Pa \cdot s$ 为临界黏度确定临界黏度温度。

## 5.6.4 表面张力

熔渣表面张力是考察熔渣流动性和渣滴碰撞附着率的重要参数之一，Mills等[128]整理了前人提出的渣表面张力的经验关联式，并提出了用分摩尔表面张力相加的方法确定表面张力的预测关联式，如式(5-32)所示：

$$\sigma = \left[ \sum x_i \overline{\sigma_i} - 0.15 \times (T - 1733) \right] \times 10^{-3} \qquad (5-32)$$

式中：$\overline{\sigma_i}$ 为各氧化物表面张力，其值见表5-3。

表5-3 灰渣中各氧化物在1733K 时的表面张力

| 成分 | $\overline{\sigma}/(N/m)$ |
| --- | --- |
| CaO | 625 |
| MgO | 635 |

| 成分 | $\bar{\sigma}/(\text{N/m})$ |
|---|---|
| $Al_2O_3$ | 655 |
| FeO | 645 |
| $SiO_2$ | 260 |
| MnO | 645 |
| $TiO_2$ | 350 |
| $P_2O_5$ | $-5.2 \times x_{P_2O_5}^{-1} - 3454 + 22178 \times x_{P_2O_5}$ |
| $K_2O$ | $0.8 \times x_{K_2O}^{-1} - 1388 - 6723 \times x_{K_2O}$ |
| $Fe_2O_3$ | $-3.7 \times x_{Fe_2O_3}^{-1} - 2972 + 14312 \times x_{Fe_2O_3}$ |
| $Na_2O_3$ | $0.8 \times x_{Na_2O_3}^{-1} - 1388 - 6723 \times x_{Na_2O_3}$ |

## 5.6.5　比热容

Mills 和 Rhine[152] 研究表明玻璃态和流动状态的渣的比热容不同，并提出流动状态渣的比热容可按 Kopp – Neumann 规则做近似计算。Yong 等[73,74]、倪建军等[86] 及 Kurowski 和 Spliethoff[153] 均采用此方法计算熔渣比热容。

对于流动状态的渣，其比热容是渣组成成分的分摩尔比热容之和：

$$c_p = \sum x_i \bar{c}_{pi} \tag{5-33}$$

式中：$\bar{c}_{pi}$ 为各组成成分的分摩尔比热容，其取值见表 5 – 4。

对于玻璃态的渣，渣内各组成成分的分摩尔比热容为：

$$\bar{c}_p = a + bT - cT^{-1} \tag{5-34}$$

式中：$a$，$b$ 和 $c$ 的取值见表 5 – 4。

表 5 – 4　灰渣中各组成成分的分摩尔比热容

| 成分 | $\bar{c}_p$（玻璃态）/[J/(K·mol)] | | | $\bar{c}_p$（液态）/[J/(K·mol)] |
|---|---|---|---|---|
| | $a$ | $b \times 10^3$ | $c \times 10^{-5}$ | |
| $SiO_2$ | 55.98 | 15.40 | 14.48 | 87.0 |
| CaO | 48.82 | 4.52 | 6.52 | 80.8 |
| $Al_2O_3$ | 115.00 | 11.80 | 35.15 | 146.4 |
| MgO | 42.60 | 7.45 | 6.19 | 90.4 |
| $K_2O$ | 65.70 | 22.60 | 0 | 74.0 |

| 成分 | $\bar{c}_p$（玻璃态）/[J/(K·mol)] | | | $\bar{c}_p$（液态）/[J/(K·mol)] |
|---|---|---|---|---|
| | $a$ | $b \times 10^3$ | $c \times 10^{-5}$ | |
| $Na_2O$ | 65.70 | 22.60 | 0 | 92.0 |
| $TiO_2$ | 75.19 | 1.17 | 18.20 | 111.7 |
| $MnO$ | 46.48 | 8.12 | 3.68 | 79.9 |
| $FeO$ | 48.78 | 8.36 | 2.80 | 76.6 |
| $Fe_2O_3$ | 98.28 | 77.80 | 14.85 | 191.2 |
| $Fe$ | 12.72 | 31.71 | -2.51 | 43.9 |
| $P_2O_5$ | 182.50 | 46.40 | 45.44 | 242.7 |
| $CaF_2$ | 59.83 | 30.45 | -1.96 | 96.2 |
| $SO_3$ | 70.20 | 97.74 | 0 | 175.7 |

### 5.6.6　导热系数

由于测量热扩散系数比测量导热系数更方便，Mills 和 Rhine[152]提出熔渣的有效导热系数可以根据熔渣的比热容进行估算：

$$k = aC_p\rho_s \tag{5-35}$$

式中：$a$ 为热扩散系数。Yong 等[73,74]、倪建军[113]和 Seggiani[72]均采用此公式计算熔渣的导热系数，其中 $a$ 取值为 $4.5 \times 10^{-7}$ m$^2$/s。

## 5.7　燃料特性对熔渣流动及传热特性的影响

旋风燃烧锅炉有宽广的煤种适应性，可以燃烧烟煤、无烟煤、贫煤和褐煤等，目前已有在旋风燃烧锅炉上成功混烧固体废物燃料（如木屑、树皮、半焦、垃圾衍生燃料、石油焦和污泥等）的运行经验，油和天然气也可作为旋风燃烧锅炉的启动燃料或辅助燃料。燃料特性变化对灰渣的形成及熔渣的流动影响较大，对于临界黏度温度较高的煤种，添加助熔剂可以降低燃料的灰熔点，扩大旋风燃烧锅炉对燃料的适应范围。为考察旋风燃烧锅炉的煤种适应性，本节研究燃料特性（临界黏度温度和灰含量）和助熔剂添加量对旋风筒壁面熔渣流动及渣层传热特性的影响。

### 5.7.1　临界黏度温度的影响

临界黏度温度($T_{cv}$)是影响熔渣流动和渣层传热非常重要的参数，且$T_{cv}$很难准确测量，本研究以$T_{cv}$为1427K的工况为基准工况，研究当熔渣的$T_{cv}$分别为1327K、1427K和1527K时熔渣流动和渣层传热特性。

（1）计算工况

熔渣的物性包括密度、比热容、表面张力、导热率、黏度和临界黏度温度等影响熔渣流动和渣层传热特性。其中，除了临界黏度温度仅与熔渣的灰成分相关，其他物性参数不仅与灰成分相关，还与熔渣温度相关。本研究根据煤种的灰成分和温度利用学者们提出的灰渣物性预测关联式计算灰渣物性，采用的预测关联式见5.6节。设计煤种紫金煤灰中各化学成分的质量分数见表5-5[154]，灰渣物性参数见表5-6。

表5-5　紫金煤灰成分分析

| 灰成分 | $SiO_2$ | $Al_2O_3$ | $Fe_2O_3$ | CaO | MgO | $Na_2O$ | $K_2O$ | $TiO_2$ | $SO_3$ |
|---|---|---|---|---|---|---|---|---|---|
| 数值/% | 15.90 | 11.67 | 20.33 | 15.26 | 3.04 | 12.77 | 0.63 | 1.56 | 15.10 |

表5-6　灰渣物性参数

| 项目 | 单位 | 范围 |
|---|---|---|
| 密度 | kg/m³ | 2881~3204 |
| 比热容 | kJ/(kg·K) | 1.5346 |
| 导热率 | W/(m·K) | 2.046 |
| 黏度 | Pa·s | 1.6~437.7 |

（2）颗粒碰撞与黏附质量流率

在旋风燃烧锅炉运行之初，旋风筒内壁面并没有颗粒黏附，随着黏性颗粒在耐火材料层上黏附，固态渣层形成，新的颗粒黏附使固态渣层厚度增加，其表面温度升高，当渣层表面温度高于临界黏度温度时，液态渣出现并开始流动，形成的液态渣层可以黏附黏性颗粒或非黏性颗粒。最终，新的颗粒不断被黏附，液态渣源源不断经排渣口排出筒外，旋风筒内的颗粒黏附和熔渣流动趋于稳定，固态渣层和液态渣层维持稳定的厚度。

基准工况下沿旋风筒轴向颗粒与壁面碰撞的质量流率($\dot{m}_f''$)和颗粒被壁面捕

捉的质量流率($\dot{m}_t''$)如图 5 - 9 所示。基准工况下沿旋风筒轴向的颗粒捕捉概率如图 5 - 10 所示。

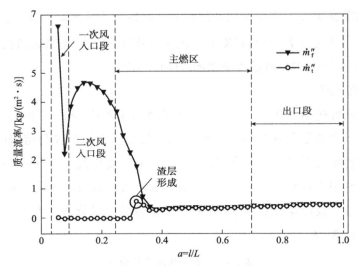

图 5 - 9    基准工况下沿旋风筒轴向颗粒的碰撞和黏附质量流率

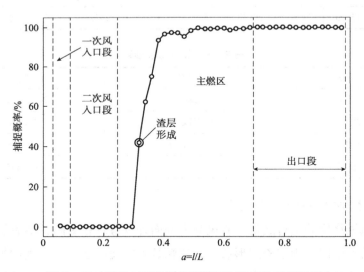

图 5 - 10    基准工况下沿旋风筒轴向的颗粒捕捉概率

由图 5 - 9 可以看出,颗粒在旋风筒壁面的碰撞和黏附是不均匀的。气流带动煤粉颗粒在旋风筒内做强旋运动,刚进入旋风筒的颗粒速度较快,绝大部分颗粒受到的离心力较大,颗粒有较多机会与筒壁碰撞,在一次风入口段和二次风入口段，颗粒与壁面碰撞的质量流率较大，达到 2.2～4.7kg/(m²·s)。但由于颗粒携带较高的动能且壁面为非黏性壁面，颗粒与壁面碰撞后被反弹至筒内空间，因此，在一次风入口段和二次风入口段，颗粒几乎不被捕捉。需要注意的是，在一次风入口段顶部，由于旋风筒一次风喷口的突扩形状，有少量黏性颗粒在气流的卷吸下黏附在一次风喷口处，该处是旋风筒内的死角，且壁面温度低于临界黏度温度，煤灰颗粒在此处黏附可能会导致燃烧器喷口的沾污和堵塞，通常可采取如优化一次风旋流叶片倾角等方法减轻此处的沾污和堵塞。在二次风入口段，由于大量低温二次风进入旋风筒并在筒内强烈旋转前进，颗粒在高速旋转的气流作用下与耐火材料表面撞击，但是，由于引入的二次风温度较低，耐火材料表面温度较低，并没有颗粒黏附在非黏性壁面上。随后，由于煤粉颗粒与高温气体在主燃区强烈混合并燃烧，旋风筒内温度水平升高，耐火材料表面温度逐渐升高，液态渣层和固态渣层形成，非黏性壁面转变为黏性壁面。此时，超过 90% 的被甩至旋风筒壁的煤灰颗粒都被黏性渣层表面捕捉，颗粒捕捉概率显著增加，少量颗粒由于携带的动能较大碰到壁面后被反弹。需要注意的是，在旋风筒出口段，几乎所有被甩向壁面的颗粒都被壁面的液态渣层捕捉。这是因为随着颗粒在旋风筒内的旋转流动，颗粒动能逐渐被消耗，速度降低的煤灰颗粒更容易被壁面渣层黏附。

临界黏度温度对颗粒黏附质量流率的影响见图 5-11。当临界黏度温度升高时，非黏性颗粒转变为黏性颗粒的临界温度升高，被捕捉的概率减小，颗粒黏附质量流率减小。

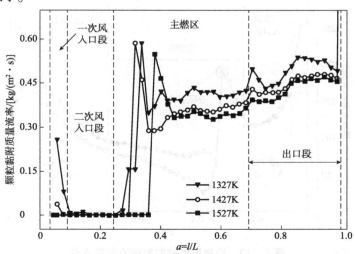

图 5-11　临界黏度温度对颗粒黏附质量流率的影响

（3）热流密度

由旋风筒内空间沿旋风筒轴向传递到旋风筒内壁面（渣层或耐火材料表面）的热流密度（$q_{in}$），以及沿旋风筒轴向传递给水冷壁内工质的热流密度（$q_{loss}$）如图 5－12 所示。旋风筒内空间的高温烟气通过辐射和对流传热传递到旋风筒内壁面的热流密度（$q_{in}$）与旋风筒内温度、液态渣层表面温度和旋风筒内流动特性等有关，其数值通过旋风筒内空间的数值模拟获得。而沿旋风筒轴向传递给水冷壁内工质的热流密度（$q_{loss}$）由用户自定义函数的计算获得。在旋风筒一次风入口段和二次风入口段，由于旋风筒内没有形成渣层，传递给工质的热流密度（$q_{loss}$）与旋风筒内空间向壁面传热的热流密度（$q_{in}$）相等，且 $q_{in}$ 和 $q_{loss}$ 均较高，达到 $120 \sim 260 kW/m^2$。在主燃区上部，随着燃料与气流的强烈混合和燃烧，旋风筒内温度水平升高，在未形成渣层的区域，$q_{in}$ 和 $q_{loss}$ 随着升高。直到旋风筒壁面形成渣层，渣层表面温度远远高于耐火材料表面温度，使从旋风筒内空间通过辐射传热传递到渣层表面的热量突然下降，$q_{in}$ 和 $q_{loss}$ 均急剧下降约 $120 kW/m^2$。携带着热量的渣层像保温材料一样能够降低传递给工质的热流密度（$q_{loss}$），在有渣层覆盖的旋风筒壁面，传递给工质的热流密度（$q_{loss}$）低于旋风筒内空间向壁面传热的热流密度（$q_{in}$），低了约 $20 kW/m^2$。由于沿着旋风筒轴向向下，旋风筒内平均温度逐渐升高，且旋风筒内平均温度升高的速度较快，渣层表面温度升高的速度较慢，旋风筒内空间传递到渣层表面的热流密度（$q_{in}$）稳步上升，传递给水冷壁内工质的热流密度（$q_{loss}$）也逐渐升高。

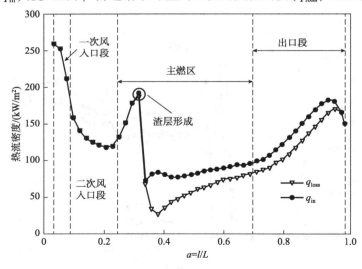

图 5－12　沿旋风筒轴向的热流密度分布

临界黏度温度($T_{cv}$)对沿旋风筒轴向传递给水冷壁内工质的热流密度($q_{loss}$)的影响见图5-13。$T_{cv}$对一次风入口段和二次风入口段及有渣层覆盖的主燃区和出口段传递给工质的$q_{loss}$的影响不大。但随着$T_{cv}$升高，旋风筒主燃区内渣层形成的初始位置下移，主燃区传递给工质的热流密度较高的区域扩大。并且，在主燃区没有渣层覆盖的区域，传递给工质的热流密度沿旋风筒轴向向下快速增大。总的来说，临界黏度温度的升高增大了传递给工质的热量。

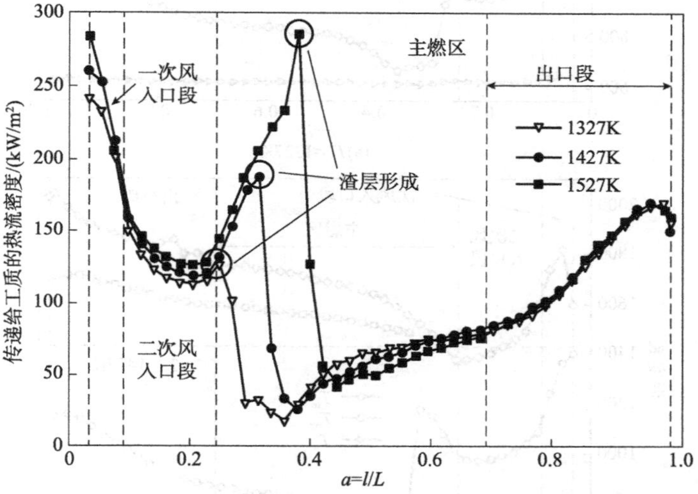


**图5-13　临界黏度温度对传递给水冷壁内工质的热流密度的影响**

(4)界面温度和旋风筒截面平均温度

图5-14(a)~(c)分别所示为临界黏度温度($T_{cv}$)为1327K、1427K和1527K时旋风筒内截面平均温度和各界面温度。

如图5-14(a)所示，水冷壁壁温($T_w$)沿旋风筒轴向的变化不大，壁温维持在618~650K。耐火材料表面温度($T_{rm}$)沿旋风筒轴向的变化与传递给水冷壁内工质的热流密度变化相似，在旋风筒一次风入口段和二次风入口段，旋风筒内壁未形成渣层，传递给水冷壁内工质的热流密度较大，$T_{rm}$维持在980~1370K。在主燃区某位置，渣层在旋风筒内壁面形成，传递给水冷壁内工质的热流密度急剧减小，$T_{rm}$显著下降，出现最低值714K。在主燃区有渣层覆盖的区域，沿着旋风筒轴向向下，传递给工质的热流密度逐渐升高，耐火材料表面温度也逐渐升高。在旋风筒底部，$T_{rm}$达到1096K，比$T_w$高约465K。因此，从$T_{rm}$沿旋风筒轴向的变化趋势可知，耐火材料起到很好的保温作用，有利于维持旋风筒内的高温。在

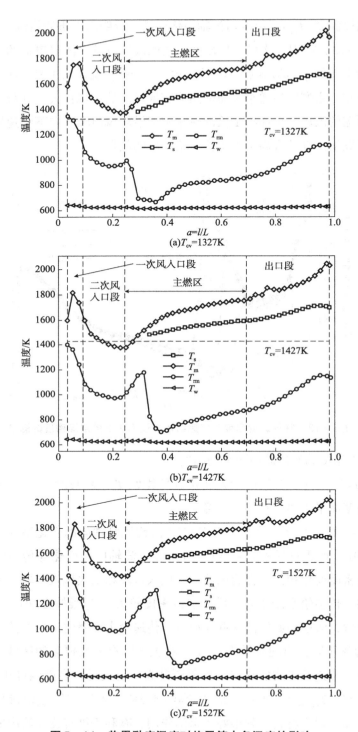

图 5-14　临界黏度温度对旋风筒内各温度的影响

旋风筒内附着的渣层包含固态渣层和液态渣层,固态渣层表面温度为灰渣的临界黏度温度。在旋风筒内刚形成渣层的位置,固态渣层表面温度比 $T_{cv}$ 高约 657K,沿着旋风筒轴向向下,由于固态渣层减薄,固态渣层表面温度与 $T_{cv}$ 的差距逐渐减小,在旋风筒底部,固态渣层表面温度比 $T_{cv}$ 高约 207K。液态渣层表面温度($T_s$)随着旋风筒轴向向下逐渐升高。在旋风筒底部,$T_s$ 比固态渣层表面温度高约 333K。由此可见,旋风筒内的渣层包括固态渣层和液态渣层的形成都起到良好的保温作用,有利于维持旋风筒内的温度水平。

比较图 5-14(a)~(c),临界黏度温度($T_{cv}$)的变化对旋风筒截面平均温度($T_m$)、液态渣层表面温度($T_s$)和水冷壁壁温($T_w$)的影响较小,各界面温度随着临界黏度温度($T_{cv}$)的变化产生了微小的变化。

(5)渣层厚度和液态渣流动速度

如图 5-15 和图 5-16 所示,渣层并非存在于整个旋风筒壁面,在旋风筒上部,即一次风入口段和二次风入口段,旋风筒内壁并未形成渣层。这是由于旋风筒的特殊结构,其上部区域引入了大量低温的一次风和二次风,旋风筒内温度水平较低(见图 5-14),旋风筒内壁面为非黏性壁面,很难黏附颗粒从而形成渣层,因此,在旋风筒内靠近风口的低温区域并未形成渣层。这与 Yong 等[74] 和 Wang 等[45] 的研究结果相吻合,他们的研究也表明,在液态排渣燃烧装置的低温区域没有渣层附着。随着旋风筒内温度水平逐渐提高,旋风筒内温度达到一定水

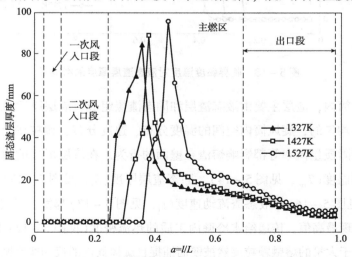

图 5-15　临界黏度温度对固态渣层厚度的影响

平后，在旋风筒壁面即形成熔渣层。由图 5-15 和图 5-16 可知：$T_{cv}$ 对渣层形成的初始位置影响较大。当 $T_{cv}$ 为 1327K 时，渣层在主燃区上部(旋风筒轴向位置约 2.7m 处)即形成。而当 $T_{cv}$ 为 1527K 时，渣层在旋风筒主燃区形成的初始位置下移约 0.9m，即在旋风筒轴向位置为 3.6m 处开始形成渣层。对于液态排渣的燃烧装置，熔融态煤灰颗粒被壁面捕捉并形成连续稳定流动的渣层有利于液态排渣燃烧装置的安全高效运行。若旋风筒主燃区上部即有渣层覆盖，则更有利于保证旋风筒的良好运行。由图 5-15 和图 5-16 还可知：随着 $T_{cv}$ 的升高，渣层形成的初始位置下移。当 $T_{cv}$ 过高时，旋风筒内壁可能没有渣层附着，这对于旋风筒的运行是不利的。因此，对于临界黏度温度较高的煤种，采用添加助熔剂等方法降低其临界黏度温度以保证旋风筒内形成稳定的熔渣层是很有必要的。

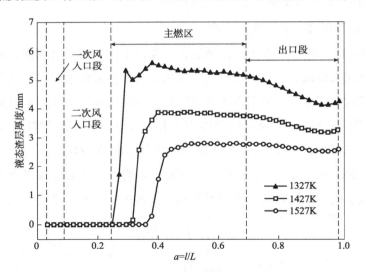

图 5-16　临界黏度温度对液态渣层厚度的影响

在旋风筒内，渣层主要由液态渣层和固态渣层组成，渣层厚度沿旋风筒轴向的分布并非均匀的，旋风筒内空间的温度分布、速度分布、颗粒在壁面黏附的位置和颗粒黏附质量流率等都影响熔渣在壁面的行为。在渣层形成的初始位置，耐火材料表面温度($T_{rm}$，见图 5-14)、固态渣层厚度($\delta_s$，见图 5-15)、液态渣层厚度($\delta_l$，见图 5-16)和液态渣流动速度($v_l$，见图 5-17)都发生了突变，渣层厚度在此处出现最高值，传递给水冷壁内工质的热流密度(见图 5-12)出现最低值。这可能是由于大量的熔融颗粒突然被壁面捕捉且旋风筒内的流动非常剧烈引起的。

当临界黏度温度为 1327K 时，在旋风筒主燃区，沿着旋风筒的轴向方向，固态渣层厚度($\delta_s$)从约 30mm 下降到约 12mm，液态渣层厚度($\delta_l$)从 5.5mm 略微下降至 5.2mm，固态渣层远远厚于液态渣层，渣层主要由固态渣层构成。这是因为：有渣层附着的主燃区渣层传递给水冷壁内工质的热流密度较小，耐火材料表面温度较低，固态渣层需维持一定的厚度才能使其表面温度达到临界黏度温度。在旋风筒出口段，沿着旋风筒的轴向方向，耐火材料表面温度升高，固态渣层慢慢减薄，固态渣层厚度($\delta_s$)从约 12mm 下降到约 3mm，液态渣层厚度($\delta_l$)从 5.2mm 下降至 4.1mm。

随着 $T_{cv}$ 的升高，$\delta_s$ 逐渐增加。这是因为：耐火材料表面温度($T_{rm}$)和固态渣的导热率随着临界黏度温度的变化而仅发生微小变化，而固态渣层和液态渣层分界面的温度保持在临界黏度温度，因此，固态渣层会随着 $T_{cv}$ 的升高而变厚。Ye 等[79]的研究也表明，当临界黏度温度升高时，固态渣层增厚。相反的，随着 $T_{cv}$ 升高，液态渣层变薄。因为随着临界黏度温度升高，更多的与壁面碰撞的颗粒处于非黏性状态，导致更少的颗粒被黏附，因此液态渣层减薄。当 $T_{cv}$ 为 1327K 时，$\delta_l$ 为 4 ~ 5mm。$T_{cv}$ 每升高 100K，在旋风筒轴向不同位置，$\delta_l$ 减薄约 1mm。

沿旋风筒轴向，液态渣层温度升高，液态渣黏度下降，液态渣流动速度加快。临界黏度温度对液态渣流动速度的影响见图 5-17。由图可以看出，液态渣的流动速度随着 $T_{cv}$ 的升高而略微减缓。这主要是因为更少的颗粒被渣层捕捉且被捕捉颗粒携带的动能更少。沿着旋风筒的轴向方向，液态渣的流动速度为 20 ~

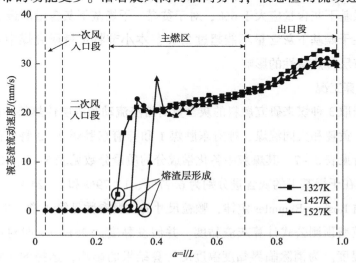

**图 5 - 17　临界黏度温度对液态渣流动速度的影响**

30mm/s，在旋风筒下部，虽然液态渣流动的质量流率增大，但由于旋风筒内温度水平升高导致灰渣黏度变小，液态渣流动速度增大，液态渣层减薄。这说明在旋风筒内液态渣的流动是稳定流畅的，液态渣的流动速度主要受灰渣黏度的影响，对临界黏度温度的变化不敏感。由图 5 – 17 可以看出，在旋风筒底部，液态渣的流动速度依然保持在约 30mm/s，因为在本研究中，并未考虑灰渣在旋风筒底部渣口时受到的冷却作用。在旋风燃烧锅炉实际运行中，液态渣经旋风筒底部渣口排出筒外，在渣口处骤然冷却，容易发生堵渣现象。由此可知，旋风筒底部温度水平较高，较高的烟气温度有助于减轻由于骤冷发生的熔渣堵塞，但仍需关注渣口处液态渣的流动特性，实际运行过程中渣口处灰渣的流动特性还有待进一步研究。

## 5.7.2 灰含量的影响

灰含量是影响渣层形成和传热特性的关键因素。渣层附着在旋风筒内壁，并被源源不断黏附的颗粒更新，保持旋风筒壁面附着稳定的灰渣层是确保旋风燃烧锅炉安全稳定运行的重要条件。当燃料的灰含量过低时，旋风筒内壁面可能难以形成和维持稳定的灰渣层；当燃料的灰含量较高时，排出旋风筒的灰渣量会增大，旋风筒的灰渣物理热损失增大，当灰含量较高时也可能影响旋风筒内的燃烧，使着火延迟，降低旋风筒平均温度和出口温度，此时可能需要采用较细的煤粉颗粒粒径或提高热空气温度。B&W[17]公司曾提出，适用旋风燃烧方式燃烧的烟煤其干燥基下灰含量应大于 6%，对于贫煤，干燥基下灰含量的最小值为 4%。并且，煤在干燥基下灰含量不能超过 25%。本小节将定量研究煤中灰含量对熔渣流动及渣层传热特性的影响。

（1）计算工况

本节选取 3 种煤来研究燃料的灰含量对熔渣流动和渣层传热特性的影响，包括三河尖、黄陵和大同混煤、神府东胜煤 1 和神府东胜煤 2。3 种煤的工业分析和元素分析见表 5 – 7，其煤灰中各化学成分的质量分数见表 5 – 8。由表 5 – 7 可知：3 种煤在干燥基下的灰含量分别为 6.77%、12.79% 和 17.24%。假设颗粒尺寸分布遵循 Rosin – Rammler 定律，颗粒尺寸的主要参数见第 4 章。本节采用 Urbain 黏度模型预测公式计算灰渣黏度，并假设黏度为 25Pa·s 时对应的温度为临界黏度温度。为消除临界黏度温度对计算结果的影响，选择的 3 种煤的临界黏度温度仅在小范围区间内变化，3 种煤的临界黏度温度在 1518 ~ 1545K，如

图 5-18(a)所示。在分析灰分的影响时，可以忽略临界黏度温度对渣层行为的影响。为消除煤种的差异对旋风筒内燃烧特性的影响，假设燃烧 3 种煤时旋风筒内截面热负荷(18608kW/m²)保持不变，为了保证旋风筒内截面热负荷不变，随着燃料灰含量的升高，煤耗率也需增加，因此需调整燃料消耗量，调整后燃烧 3 种煤时的煤耗率见图 5-18(b)。

表 5-7　煤质参数

| | 项目 | $A_d = 6.77\%$ | $A_d = 12.79\%$ | $A_d = 17.24\%$ |
|---|---|---|---|---|
| 工业分析(干燥基)/%(质量分数) | 固定碳 | 60.50 | 55.43 | 54.92 |
| | 挥发分 | 32.73 | 31.78 | 27.84 |
| | 灰分 | 6.77 | 12.79 | 17.24 |
| 元素分析(收到基)/%(质量分数) | C | 64.74 | 60.33 | 57.33 |
| | H | 3.69 | 3.62 | 3.62 |
| | O | 9.77 | 9.95 | 9.94 |
| | N | 0.81 | 0.69 | 0.70 |
| | S | 0.33 | 0.41 | 0.41 |
| 低位发热量/(MJ/kg) | | 23.80 | 22.76 | 21.81 |

表 5-8　灰成分分析

| 煤种 | 灰成分/% | | | | | | | | |
|---|---|---|---|---|---|---|---|---|---|
| | $SiO_2$ | $Al_2O_3$ | $Fe_2O_3$ | CaO | MgO | $Na_2O$ | $K_2O$ | $TiO_2$ | $SO_3$ |
| $A_d = 6.77\%$ | 35.30 | 17.21 | 9.38 | 20.07 | 2.10 | 0.53 | 0.15 | 0.58 | 10.28 |
| $A_d = 12.79\%$ | 36.71 | 13.99 | 13.85 | 22.92 | 1.28 | 1.23 | 0.72 | 0 | 9.30 |
| $A_d = 17.24\%$ | 36.71 | 13.99 | 11.36 | 22.92 | 1.28 | 1.28 | 1.28 | 0.78 | 9.30 |

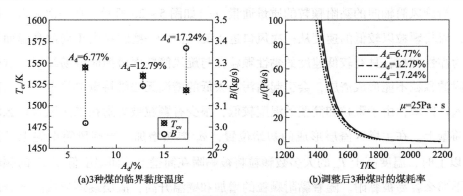

(a)3种煤的临界黏度温度　　(b)调整后3种煤时的煤耗率

图 5-18　不同灰含量煤种的临界黏度温度和煤耗率

（2）特征温度分布

旋风筒的温度分布和平均横截面温度（$T_m$）、液态渣层表面温度（$T_s$）和耐火衬里表面温度（$T_r$）的分布如图5－19所示。在一次风入口附近，由于挥发物的燃烧而形成局部高温区。在二次风入口区域中，由于引入冷的二次风，$T_m$减小。然后，随着煤粉与二次风混合并燃烧，$T_m$逐渐增加。随着$T_m$沿旋风筒轴向逐渐增加，壁温以比$T_m$更低的速率增加。在旋风筒主燃区壁温增加到足够高的水平之前，不会形成熔渣。

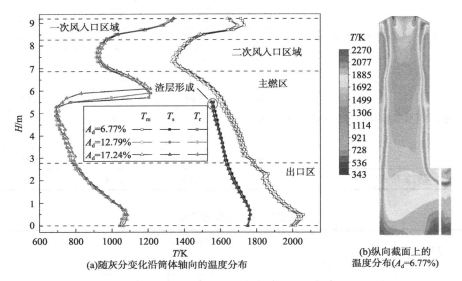

(a)随灰分变化沿筒体轴向的温度分布　　(b)纵向截面上的温度分布($A_d$=6.77%)

**图5－19　旋风筒特征温度分布**

（3）颗粒碰撞与黏附质量流率

沿旋风筒轴向的黏附颗粒的质量通量（$m_t$）如图5－20所示。在一次风入口区域，煤粉颗粒以较低的速度从一次风口进入旋风筒，一些颗粒由于局部高温而熔融为黏性颗粒，具有较低速度的黏性颗粒在与旋风筒壁面碰撞时容易黏附。这些黏附的颗粒不能形成渣层，会引起沾污，太低的壁温无法维持颗粒熔融。在二次风入口区域，由于颗粒和筒壁的温度较低，很少有颗粒被黏附在二次风入口区域的筒壁上。在主燃区渣层形成的初始位置，$m_t$突然增加。当旋风筒壁温上升到$T_{cv}$以上时，温度高于$T_{cv}$的大多数颗粒将被黏附在筒壁上。而温度低于$T_{cv}$的颗粒则不那么容易被黏附。随着黏附颗粒的增加和壁温升高，渣层逐渐形成。随着旋风筒轴向温度的升高，更多的颗粒熔融，容易被壁面捕获。在主燃区和出口区的交界处，$m_t$ 出现波动，主要是由于旋风筒筒体结构的突然变化引起的。由图 5-20 可见，灰分含量的增加导致捕获颗粒的质量流量增加。在旋风筒轴向不同位置，当燃烧神府东胜煤 1 ($A_d = 12.79\%$) 时，颗粒被黏附的质量流率比燃烧三河尖、黄陵和大同混煤 ($A_d = 6.77\%$) 时增加了约 $0.04\,\mathrm{kg/(s \cdot m^2)}$。

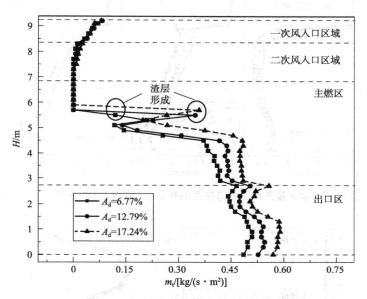

**图 5-20    沿旋风筒轴向的黏附颗粒的质量通量**

（4）渣层厚度和液态渣流动速度

在不同灰含量条件下，液态渣层沿旋风筒轴向的厚度 ($\delta_1$)、速度 ($u_1$) 和质量流量 ($m_1$) 的变化如图 5-21 所示。$\delta_1$ 在图 5-21(a) 中的主燃区域中约为 3.5mm。随着温度的升高，液态渣层的黏度降低，导致液态渣沿旋风筒轴向的速度从 6mm/s 增加到 14mm/s [见图 5-21(b)]，$\delta_1$ 在出口区域中逐渐降低到约 3mm。此外，随着液态渣沿着旋风筒的轴向向下流动，$m_1$ 从 20g/s 逐渐增加到 130g/s [见图 5-21(c)]。固体渣层厚度 ($\delta_s$) 和通过筒壁的热损失密度 ($q_{loss}$) 随灰分含量的变化曲线如图 5-22 所示。由于黏附颗粒质量流量的突然增加以及局部温度太低而无法维持渣层全部熔融，导致固态渣层厚度在渣层的初始形成位置处存在峰值。在初始形成位置，由于固态渣层像耐火衬里一样起到隔热作用，热损失密度迅速下降。由于热流密度的减少，旋风筒内的温度升高，导致 $T_s$ 以低于 $T_m$ 的速率增加（见图 5-22）。然后，随着 $T_m$ 和 $T_s$ 之间的差值沿轴向逐渐增加，热损失密度也逐渐增加，耐火衬里 ($T_r$) 的温度升高。因此，固体渣层的厚度逐渐减小，

其变化趋势与 $q_{\text{loss}}$ 趋势相反。

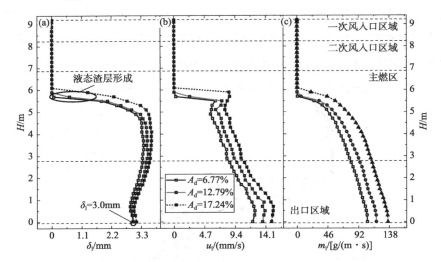

图 5－21　不同含灰量条件下液态渣层的参数(a)厚度、(b)速度、(c)质量流量

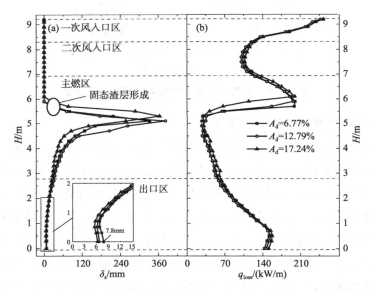

图 5－22　不同含灰量条件下固体渣层的参数(a)厚度、(b)通过壁的热流密度

随着灰分的变化，由于 3 种煤的 $T_{\text{cv}}$ 非常接近，渣层的初始形成位置非常接近(见图 5－21 和图 5－22)。随着 $A_{\text{d}}$ 的增加，能黏附更多的颗粒，液态渣层略微变厚[见图 5－21(a)]。黏附颗粒的质量增加，还会导致更高的液态渣流动速度 $u_1$[见图 5－21(b)]。由于 $\delta_1$ 和 $u_1$ 的共同作用，液态渣 $m_1$ 随着灰含量升高而

增加。由于 3 种煤的截面热负荷和临界黏度温度接近，在不同的 $A_d$ 情况下都获得了相似的 $\delta_s$ 分布和相似的 $q_{loss}$ 分布。

当旋风筒燃烧灰分最低的煤（$A_d = 6.77\%$）时，旋风筒底部渣层最薄（包括固态渣层和液态渣层），厚度约为 10.8mm。这说明即使燃烧低灰含量的煤时，旋风筒内部依然可以形成稳定的渣层。随着灰含量的变化，渣层厚度的变化较小。因此，对于具有相似黏温特性的煤，灰分含量对渣层厚度没有显著影响。

## 5.7.3 助熔剂对熔渣流动及渣层传热特性的影响

5.7.2 节的研究表明燃烧临界黏度温度较高的煤种时，旋风筒内不易形成稳定的灰渣层。因此，若要采用旋风燃烧锅炉燃烧临界黏度温度较高的煤种，则需要采取一些措施降低燃料的临界黏度温度。例如，混烧一种灰熔融特性适合的煤种来调整燃料的临界黏度温度，但这种方法成本较高。另外一种方法是添加助熔剂，常用的助熔剂有钙系助熔剂（$CaCO_3$、$CaO$）、钠系助熔剂和铁系助熔剂。不少学者采用实验的方法研究了助熔剂种类和助熔剂添加量对煤灰熔融特性的影响。Patterson 和 Hurst[155] 对澳大利亚烟煤的研究发现，多种烟煤采用液态排渣气化炉燃用时操作温度需控制在 1400℃，添加 <3% 燃料质量的 $CaCO_3$ 时，操作温度可升高至 1500℃。程翼[156] 研究表明，添加适量助熔剂可以降低由于灰熔点较高而不能直接用于 Texaco 气化炉的淮南煤的灰熔点，并改变其灰渣黏度 - 温度特性。结果还表明，钙系助熔剂对灰渣的助熔效果影响非常复杂，添加一定量钙系助熔剂时，会使灰熔点升高。

中国的煤灰通常呈现酸性，所以常用碱性助熔剂降低灰渣的临界黏度温度，如磷矿石、石灰石和白云石等。助熔剂的添加不仅可以有效降低临界黏度温度，改变灰渣的黏度 - 温度特性，同时，添加了助熔剂的灰渣更有利于其综合利用，特别是应用在建筑、矿业和农业上。例如，添加了磷矿石的灰渣可以用来生产磷肥[157]，添加了钙系助熔剂的灰渣是制作水泥的优良原料[158-160]。

在燃料中添加助熔剂改变了燃料的化学组成，燃烧后形成的灰渣的物性也会随之发生改变，添加助熔剂后使灰渣物性的确定变得非常复杂，特别是添加助熔剂的量较大时，助熔剂与燃料很难均匀混合，导致很难准确给出灰渣物性参数。由于在高温下测量物性的困难，学者们提出了很多经验公式来确定灰渣黏度和临界黏度温度。简便的灰渣物性计算方法是根据添加助熔剂后灰渣的化学成分来计算物性。煤灰的 $T_{250}$ 值即黏度为 25Pa·s 时对应的温度是熔渣的重要参数，当灰渣温度高于此值时，煤灰能在水平面流动。Ye 等[79,80] 提出了确定添加助熔剂燃料的临界黏度温度的简便方法，即将黏度 25Pa·s 时对应的温度作为添加助熔剂后灰渣的临界黏度温度，本节采用 Ye 等[79,80] 提出的方法计算添加助熔剂后燃料的临界黏度温度，并选取经济、高效的 CaO 作为助熔剂，研究了旋风燃烧锅炉燃烧五更山煤时助熔剂添加量对熔渣流动及渣层传热特性的影响。

（1）计算工况

为了分析助熔剂添加量对熔渣流动和渣层传热特性的影响，本研究选取临界黏度温度较高的五更山煤作为研究煤种，其元素分析和工业分析见表 5-9，添加的助熔剂并非纯净的 CaO，其各化学成分的质量分数见表 5-10。本节研究当添加的助熔剂流量为 0.1kg/s、0.2kg/s 和 0.3kg/s 时熔渣的流动特性和渣层的传热特性。五更山煤煤灰中各化学成分的质量分数和添加助熔剂后煤灰中各化学成分的质量分数见表 5-11。

表 5-9　五更山煤煤质参数　　　（%）

| 元素分析（收到基） | | | | 工业分析 | | | |
|---|---|---|---|---|---|---|---|
| C | H | O | N | S | $V_d$ | $A_d$ | $FC_d$ |
| 55.26 | 2.50 | 10.50 | 0.68 | 0.38 | 26.87 | 21.58 | 51.55 |

表 5-10　助熔剂的化学成分

| 灰成分 | $SiO_2$ | $Al_2O_3$ | $Fe_2O_3$ | CaO | MgO |
|---|---|---|---|---|---|
| 数值/% | 6.80 | 1.70 | 0.51 | 85.67 | 2.44 |

表 5-11　五更山煤原始煤种及添加助熔剂后灰成分分析

| 助熔剂的质量比 | 灰成分/% | | | | | | | | |
|---|---|---|---|---|---|---|---|---|---|
| | $SiO_2$ | $Al_2O_3$ | $Fe_2O_3$ | CaO | MgO | $Na_2O$ | $K_2O$ | $TiO_2$ | $SO_3$ |
| $R=0$ | 38.33 | 16.69 | 13.84 | 14.07 | 4.94 | 0.33 | 1.25 | 1.14 | 4.25 |
| $R=2.8\%$ | 34.75 | 14.99 | 12.33 | 22.20 | 4.66 | 0.29 | 1.11 | 1.01 | 3.77 |
| $R=5.5\%$ | 31.90 | 13.63 | 11.12 | 28.67 | 4.43 | 0.26 | 1.00 | 0.91 | 3.38 |
| $R=8.3\%$ | 29.58 | 12.53 | 10.14 | 33.94 | 4.25 | 0.24 | 0.90 | 0.82 | 3.07 |

（2）煤灰物性

五更山煤添加的助熔剂的主要成分为 CaO，助熔剂的质量比（$R$）定义为助熔剂质量与原始煤质量的比率。本书研究 $R$ 为 2.8%、5.5% 和 8.3% 时熔渣行为的变化，添加助熔剂后煤质参数见表 5-11，添加助熔剂后，煤灰中 CaO 的质量分数明显升高。助熔剂的质量比对煤性质的影响如图 5-23 所示。掺有助熔剂的煤的热值随质量比呈线性变化，因此，应根据研究中的质量比调整煤耗，以保持截面的放热率不变。由图 5-23 能明显看到，随着助熔剂 $R$ 从 0 增加到 2.8%，炉渣黏度和 $T_{cv}$ 将大大降低，并且随着 $R$ 的进一步增加，助熔剂对黏度和 $T_{cv}$ 的影响逐渐减弱。

当 $R=8.3\%$ 时，相较于原始煤种，煤灰中 CaO 的质量分数从 14.07% 升高至 33.94%，同时，煤灰的黏性和临界黏度温度均会受到影响，临界黏度温度从 1600K 降低到 1380K。当 $R=2.8\%$ 时。相较于原始煤种，CaO 的质量分数升高 8.13%，临界黏度温度降低 100K，临界黏度温度降低的幅度较大。本节采用 Urbain 提出的黏度预测经验公式计算煤灰的黏度，添加助熔剂后灰渣的黏度-温度特性曲线如图 5-23 所示，同温度下灰渣黏度明显降低。特别是当 $R=2.8\%$ 时，灰渣黏度-温度特性曲线向左大幅度移动，在相同温度下，其黏度值大幅度降低，再进一步增加助熔剂添加量时，黏度降低的幅度明显放缓。当灰渣温度为 1600K 时，原始五更山煤的黏度值为 25Pa·s，当 $R=2.8\%$，黏度值迅速下降至 10Pa·s。燃料中掺混助熔剂会降低燃料的发热量，本节根据添加助熔剂后燃料中所含元素质量分数重新计算燃料的发热量，并调整了煤耗率，燃料的发热量随着助熔剂添加量的增加而略微降低，如图 5-23(b) 所示。当 $R$ 从 2.8% 增加到 8.3% 时，燃料发热量从 29.55MJ/kg 略微降低至 29.47MJ/kg。

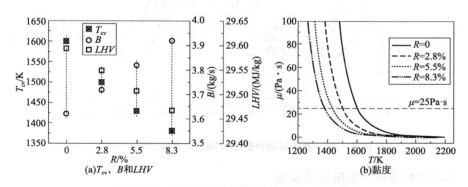

图 5-23 添加助熔剂后燃料的黏度-温度曲线

综上分析可知，当 $R=2.8\%$ 时已能明显改变灰渣中 CaO 的质量分数，从而改变灰渣物性，大幅度降低灰渣临界黏度温度，同温度下灰渣黏度值也明显降低，同时，燃料的发热量比原始煤种略微下降。进一步增加助熔剂流量时，灰渣中 CaO 的质量分数升高幅度减缓，临界黏度温度和黏度的降低幅度减缓。

（3）特征温度分布

助熔剂质量比（$R$）对渣层特征温度的影响见图 5-24。$T_m$ 随着 $R$ 的增加而略有下降。由于煤种的临界黏度温度随着 $R$ 的增大而降低，固态渣层变得更薄（见图 5-27），因此固态渣层的保温效果降低。因此，在相近的热负荷条件下，$T_s$ 随着 $R$ 的增加而显著降低。此外，随着 $R$ 的增加，渣层形成的初始位置沿着旋风筒的高度方向向上移动。旋风筒内渣层覆盖的区域扩大对旋风筒的稳定运行非常有利。当 $R$ 增加到 2.8% 时，渣层形成的初始位置从 4.3m 上升到 5.9m，被渣层覆盖的区域扩大了约 37%。此外，当 $R$ 从 2.8% 进一步增加到 8.3% 时，渣层形成的初始位置在旋风筒的高度方向上向上移动约 0.4m，被渣层覆盖的区域扩大约 7%。

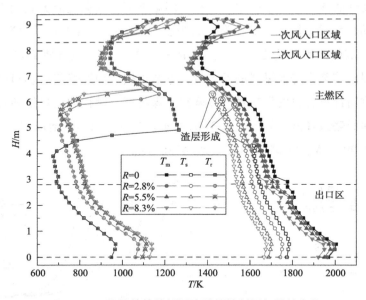

图 5-24　旋风筒的特征温度随助熔剂添加量的变化

（4）颗粒碰撞与黏附质量流速

在不同 $R$ 的条件下黏附颗粒的质量流速（$m_t$）见图 5-25。显然，助熔剂对 $m_t$ 的影响较大。随着 $R$ 的增加，黏附颗粒的 $m_t$ 增加，但增加速率逐渐减小。随着

$R$ 的增加，更多的非黏性颗粒变成黏性颗粒，导致黏附在壁面颗粒的 $m_t$ 增加。需要注意的是，助熔剂降低 $T_{cv}$ 的作用随着 $R$ 的增加而逐渐减弱。

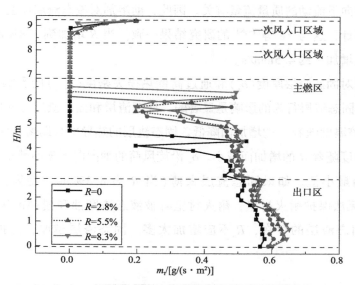

**图 5-25　不同助熔剂质量比下黏附颗粒的质量流速的变化**

（5）渣层厚度和液态渣流动速度

在不同助熔剂质量比条件下，液渣层厚度（$\delta_l$）、流动速度（$u_l$）和质量流速（$m_l$）沿筒体轴向的分布如图 5-26 所示。$\delta_l$，$u_l$ 和 $m_l$ 随着 $R$ 的增加而增加，但

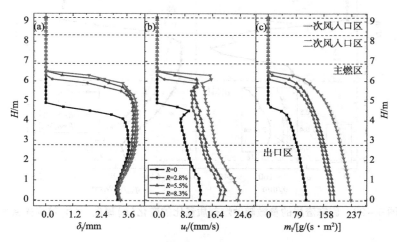

**图 5-26　在不同助熔剂质量比下液态渣层的参数（a）厚度、（b）流动速度、（c）质量流速**

$\delta_1$ 的增加没有 $u_1$ 和 $m_1$ 多。助熔剂的加入导致更多的颗粒被渣层捕获，并且助熔剂还可以提高渣层的流动性。液态渣层厚度不仅与捕获颗粒的质量流量有关，还与液态渣层向下流动的质量流量有关。因此，助熔剂对液态渣层厚度的影响几乎可以忽略不计，这与 Ye 等[79,80] 的研究结果一致。当 $R$ 增加到 2.8% 时，液态渣的流动速度增加了约 4.5mm/s。

助熔剂对固态渣层厚度（$\delta_s$）和通过筒壁热损失密度（$q_{loss}$）的影响如图 5–27 所示。$R$ 对固态渣层行为的影响是显著的。液态渣层和固态渣层之间的界面温度等于 $T_{cv}$，该温度随着 $R$ 的增加而降低。固态渣层的热导率与助熔剂无关，因此，固态渣层厚度随着 $R$ 的增加而减小。$\delta_s$ 沿旋风筒的轴向向下逐渐减小，并在旋风筒底部达到最小值。如果固态渣层太薄（当 $R$ 为 8.3% 时，旋风筒底部 $\delta_s = 2.8mm$）而无法保护耐火衬里，耐火衬里有被液态渣磨蚀和侵蚀的风险。因此，为了保证固态渣层的存在，$R$ 不应增加太多。固态渣层越厚，热损失密度就越少。

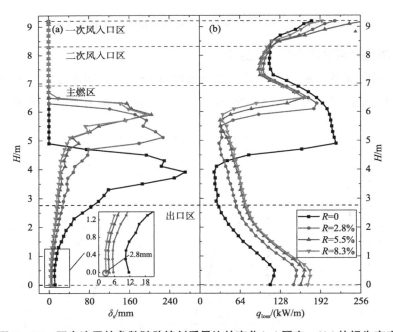

图 5–27　固态渣层的参数随助熔剂质量比的变化（a）厚度、（b）热损失密度

## 5.8 耐火材料对熔渣流动及传热特性的影响

### 5.8.1 耐火材料层厚度的影响

(1) 计算工况

旋风筒水冷壁和耐火材料层的参数见表 5 - 12。水冷壁向火侧焊有销钉，销钉的材质为 12CrMoV 合金钢，销钉间敷设耐火材料，销钉覆盖的耐火材料内表面面积与耐火材料层内表面面积的比率为 0.2。耐火材料层的导热系数为耐火材料和销钉的平均导热系数。本节将分析耐火材料厚度为 10mm、20mm 和 30mm 时对旋风筒内熔渣流动和渣层传热特性的影响。

表 5 - 12　旋风筒水冷壁和耐火材料层的参数

| 项目 | 水冷壁 | 耐火材料层 |
|---|---|---|
| 材料 | 2Cr1MoV | SiC 和 12CrMoV(销钉) |
| 厚度/mm | 5 | 10/20/30 |
| 导热系数/[W/(m·K)] | 41.00 | 6.93 |

(2) 温度和热流密度

耐火材料厚度为 10mm、20mm 和 30mm 时，耐火材料层的表面温度如图 5 - 28 所示。可知：耐火材料厚度对 $T_m$ 有显著影响。耐火材料厚度对旋风筒内传递给水冷壁内工质的热流密度的影响如图 5 - 29 所示。

比较图 5 - 28 和图 5 - 29 可知：在旋风筒上部没有渣层形成的区域，耐火材料层厚度显著影响其表面温度和传递给水冷壁内工质的热流密度。在一次风入口段、二次风入口段和主燃区上部，壁面未形成渣层，耐火材料表面维持在较高的温度水平，沿旋风筒轴向耐火材料表面温度反比于传递给水冷壁内工质的热流密度。随着耐火材料层厚度的减小，耐火材料表面温度降低，旋风筒内传递给水冷壁内工质的热流密度增大。当耐火材料层厚度为 10mm 时，耐火材料表面温度在 822 ~ 1171K，传递给水冷壁内工质的热流密度在 141 ~ 307kW/m²，当耐火材料层厚度增加至 30mm 时，耐火材料表面温度升高至 1051 ~ 1439K，传递给水冷壁内工质的热流密度降低至 99 ~ 189kW/m²。

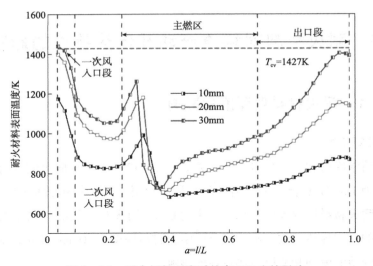

图 5-28　耐火材料厚度对其表面温度的影响

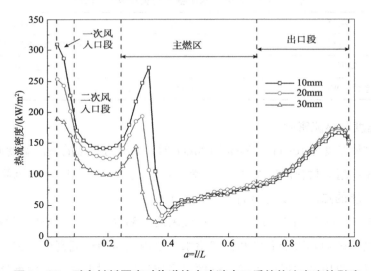

图 5-29　耐火材料厚度对传递给水冷壁内工质的热流密度的影响

　　在旋风筒内有渣层覆盖的主燃区，耐火材料层厚度为 10～30mm 时其表面温度在 700～1000K。随着耐火材料层厚度的增加，沿着旋风筒轴向，耐火材料表面温度升高越快，在主燃区和旋风筒出口段交界区域，耐火材料每增厚 10mm，其表面温度升高约 120K。而传递给水冷壁内工质的热流密度几乎不受耐火材料层厚度变化的影响，沿旋风筒轴向，传递给水冷壁内工质的热流密度从 44kW/m² 缓慢增加至约 80kW/m²。

在旋风筒出口段，沿旋风筒轴向，耐火材料表面温度升高。随着耐火材料厚度的增加，其表面温度升高越快。当敷设 10mm 耐火材料时，沿旋风筒轴向，耐火材料表面温度从 734K 缓慢升高至约 870K，当耐火材料层厚度增加至 30mm 时，耐火材料表面温度从 980K 快速升高至约 1400K。同样的，在旋风筒出口段，传递给工质的热流密度几乎不受耐火材料层厚度变化的影响。

需要注意的是，在旋风筒底部，耐火材料厚度增加 10mm 可使其表面温度升高约 200K。从耐火材料表面温度随其厚度变化的趋势判断，在旋风筒的高温区域，当耐火材料足够厚时，可能出现耐火材料层表面温度高于临界黏度温度的情况，此时，固态渣层消失，耐火材料表面仅附着液态渣层。固态渣层的消失可能导致液态渣对耐火材料的侵蚀。因此，在旋风筒的高温区域，确保固态渣层的存在可以延长耐火材料的使用寿命，耐火材料不应敷设太厚。另外，耐火材料的导热系数小，起到维持旋风筒内高温水平的作用，在旋风筒内难以附着渣层的区域如一次风入口段和二次风入口段，应敷设较厚的耐火材料以减少传递给水冷壁内工质的热流密度。

耐火材料层厚度对旋风筒内的截面平均温度和液态渣层表面温度的影响较小，如图 5-30 和图 5-31 所示。随着耐火材料层厚度的增加，旋风筒主燃区和出口段的截面平均温度略微升高，被渣层捕捉的颗粒略微增多，液态渣层表面温度也略微升高。需要注意的是，渣层形成的初始位置几乎不受耐火材料层厚度的影响。

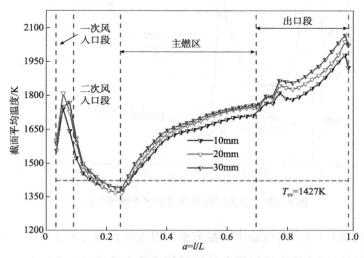

图 5-30　耐火材料层厚度对旋风筒内截面平均温度的影响

停

# 液态排渣旋风炉的研究进展及应用

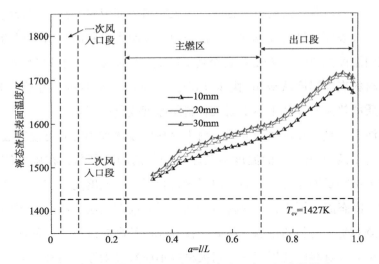

图 5-31　耐火材料层厚度对液态渣层表面温度的影响

耐火材料层厚度对水冷壁壁温的影响如图 5-32 所示。在旋风筒内未形成渣层的区域，随着耐火材料层厚度的增加，传递给水冷壁内工质的热流密度降低，水冷壁壁温略微降低。在旋风筒内形成渣层的区域，耐火材料层厚度的变化几乎不影响传递给工质的热流密度，因此，水冷壁壁温变化不大。

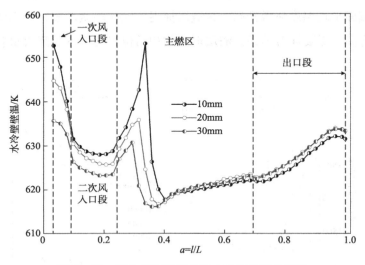

图 5-32　耐火材料层厚度对水冷壁壁温的影响

耐火材料层厚度对旋风筒出口截面平均温度的影响如图 5-33 所示。由于耐火材料的敷设能减小没有渣层覆盖的区域传递给水冷壁内工质的热流密度，随着

·112·

耐火材料层厚度的增加，旋风筒出口截面平均温度升高。当耐火材料层厚度为10mm时，旋风筒出口截面平均温度为1948K，当耐火材料层增厚至30mm时，旋风筒出口截面平均温度升高至1999K。因此，较厚的耐火材料有助于提高旋风筒内的烟气温度。

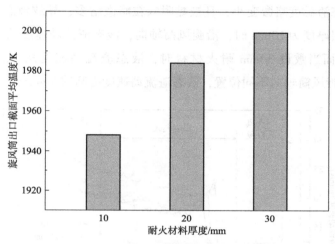

**图5-33 耐火材料层厚度对旋风筒出口截面平均温度的影响**

（3）渣层厚度和液态渣流动速度

图5-34和图5-35分别所示为当耐火材料层厚度为10mm、20mm和30mm时液态渣层厚度和液态渣的流动速度。耐火材料层厚度对液态渣层厚度的影响较

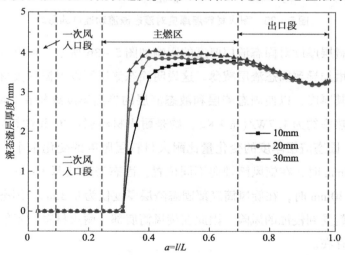

**图5-34 耐火材料层厚度对液态渣层厚度的影响**

小，液态渣层厚度维持在 3~4mm。只有在液态渣层开始形成的位置，由于耐火材料层厚度的增加使更多的熔融灰颗粒黏附在渣层表面，液态渣层略微增厚。在主燃区其他区域壁面和旋风筒出口段壁面，液态渣层厚度几乎不受耐火材料层厚度变化的影响。由图 5-35 可知：当耐火材料层变厚时，由于液态渣内的温度略微升高，液态渣黏度略微变小，且被黏附颗粒略微增多，导致液态渣流动变快。当耐火材料层厚度为 10mm 时，沿旋风筒轴向，液态渣流动速度从 19mm/s 升高至 27mm/s，而当敷设 30mm 耐火材料时，液态渣流动速度从 20mm/s 升高至 32mm/s，在旋风筒轴向不同位置，液态渣流动速度提高约 5mm/s。

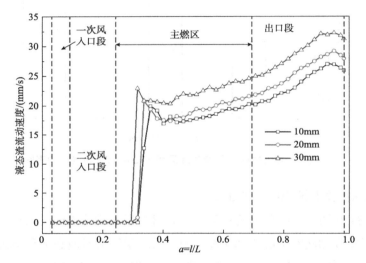

图 5-35　耐火材料层厚度对液态渣流动速度的影响

耐火材料层厚度对固态渣层厚度的影响如图 5-36 所示。可以看出，耐火材料层厚度的增加导致固态渣层减薄。这说明固态渣层可以根据耐火材料层厚度的变化来调整其厚度，以使固态渣层和液态渣层的界面温度维持在临界黏度温度。固态渣的导热率约为 1.7W/(m·K)，约是耐火材料层(SiC 和销钉)导热系数的 1/4，因此，固态渣层厚度的变化量比耐火材料层厚度的变化量小。耐火材料层厚度增加 10mm 时，在旋风筒轴向不同位置，固态渣层减薄 3~5mm。当耐火材料层厚度为 30mm 时，在旋风筒底部固态渣层厚度仅为 0.3mm，固态渣层太薄增加了耐火材料受到侵蚀的风险，因此在旋风筒底部，耐火材料层不能过厚以确保固态渣层的存在。

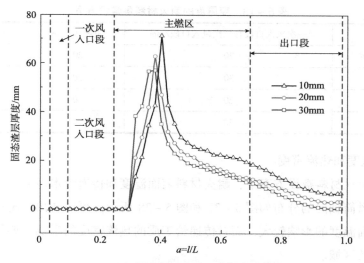

图 5-36　耐火材料层厚度对固态渣层厚度的影响

## 5.8.2　耐火材料层优化设计

　　耐火材料层厚度对旋风筒内熔渣的流动及渣层的传热特性有显著影响。本节提出了一种优化的耐火材料层设计方法，即沿旋风筒轴向在不同的部位敷设不同厚度的耐火材料层。在没有渣层覆盖的区域（主要是一次风入口段和二次风入口段），由于耐火材料层对此区域起着非常重要的保温作用，此区域应该敷设较厚的耐火材料。而在有渣层覆盖的旋风筒主燃区壁面，由于固态渣层厚度可以适应耐火材料层厚度的变化，故耐火材料层厚度可以适当减薄。而在旋风筒出口段，旋风筒内温度水平较高，而温度过高可能导致固态渣层缺失，使耐火材料和水冷壁受到流动的液态渣的严重侵蚀，因此，在旋风筒内高温区域需要确保固态渣层的存在，其壁面可以敷设较薄的耐火材料层。

　　（1）计算工况

　　本节研究变厚度的耐火材料层对旋风筒内熔渣流动和渣层传热特性的影响，变厚度的耐火材料层敷设方案见表 5-13。研究一次风入口段和二次风入口段耐火材料层增厚（方案 1）及出口段耐火材料层减薄（方案 2）对旋风筒内熔渣行为的影响，并研究同时增加一次风入口段和二次风入口段耐火材料层厚度及减少出口段耐火材料层厚度（方案 3）对旋风筒内熔渣行为的影响。

表 5－13　变厚度的耐火材料层敷设方案

| 方案 | 一次风入口段和二次风入口段/mm | 主燃区/mm | 出口段/mm |
|---|---|---|---|
| 基准方案 | 20 | 20 | 20 |
| 方案1 | 30 | 20 | 20 |
| 方案2 | 20 | 20 | 10 |
| 方案3 | 30 | 20 | 10 |

（2）温度和热流密度

在各耐火材料敷设方案下，耐火材料表面温度和传递给水冷壁内工质的热流密度沿旋风筒轴向的分布如图 5－37 和图 5－38 所示。可以看出，耐火材料层厚度对其表面温度的影响较大，而对传递给工质的热流密度的影响主要体现在没有形成渣层的区域。

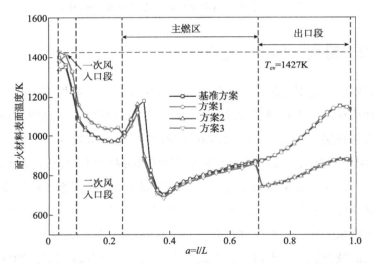

图 5－37　各方案下沿旋风筒轴向耐火材料表面温度

在一次风入口段和二次风入口段，传递给水冷壁内工质的热流密度受到耐火材料层厚度变化的影响，方案 1 和方案 3 的耐火材料层厚度为 30mm，其表面温度略高于耐火材料层厚度为 20mm 的基准方案和方案 2，传递给水冷壁内工质的热流密度略低于基准方案和方案 2。

在旋风筒出口段，传递给水冷壁内工质的热流密度几乎不受耐火材料层厚度变化的影响，但耐火材料表面温度受其厚度的影响较大。沿着旋风筒轴向方向，由于旋风筒内传递给水冷壁内工质的热流密度升高，耐火材料层厚度不同使其表

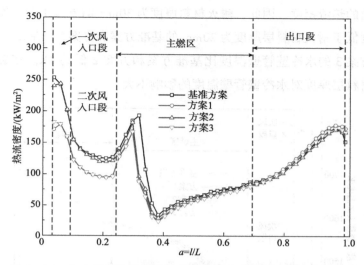

图 5-38  各方案下沿旋风筒轴向传递给水冷壁内工质的热流密度

面温度的差距增大，在旋风筒底部，基准方案和方案 1 的耐火材料层表面温度比方案 2 和方案 3 高约 270K。

　　图 5-39 ~ 图 5-41 分别所示为各耐火材料敷设方案下旋风筒截面平均温度、液态渣层表面温度和水冷壁管壁温度沿旋风筒轴向的分布。可以看出，耐火材料敷设方案对旋风筒截面平均温度和液态渣表面温度的影响不大。由图 5-41 可以看出，在一次风入口段和二次风入口段，由于耐火材料层的增厚减少了传递给水

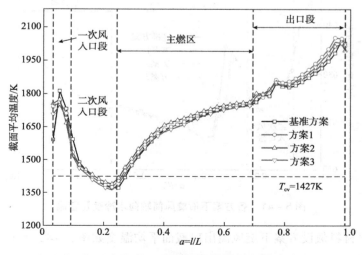

图 5-39  各方案下沿旋风筒轴向截面平均温度

冷壁内工质的热流密度,因此,耐火材料厚度为 30mm 的方案 1 和方案 3 的水冷壁管壁温度低于耐火材料层厚度为 20mm 的基准方案和方案 2,在二次风入口段,方案 1 和方案 3 的水冷壁管壁温度比基准方案和方案 2 低约 4K。在旋风筒出口段,耐火材料层厚度对水冷壁管壁温度的影响不大。

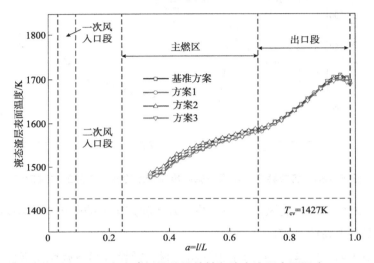

图 5-40　各方案下沿旋风筒轴向液态渣层表面温度

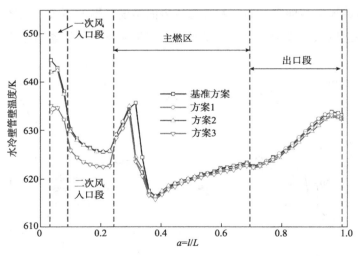

图 5-41　各方案下沿旋风筒轴向水冷壁管壁温

　　各耐火材料敷设方案下旋风筒出口截面平均温度如图 5-42 所示。由于耐火材料层厚度对一次风入口段和二次风入口段以及没有渣层覆盖的主燃区传递给水冷壁内工质的热流密度影响较大，随着耐火材料层厚度的增加，没有渣层覆盖的壁面传递给工质的热流密度减小。因此，一次风入口段和二次风入口段耐火材料层厚度为 30mm 的方案 1 和方案 3 的旋风筒出口截面平均温度较一次风入口段和二次风入口段耐火材料层厚度为 20mm 的基准方案和方案 2 高。其中，一次风入口段和二次风入口段耐火材料层厚度为 30mm 及出口段耐火材料层厚度为 10mm 的方案 3 的旋风筒出口截面平均温度较高，为 1990K。因此，增厚一次风入口段和二次风入口段耐火材料层厚度可以有效降低传递给水冷壁内工质的热量，提高旋风筒出口烟气温度。

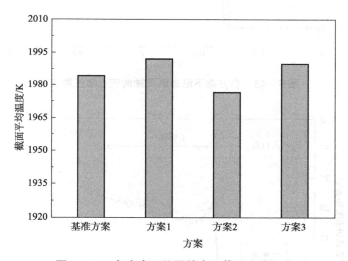

**图 5 - 42  各方案下旋风筒出口截面平均温度**

(3)渣层厚度和液态渣流动速度

各方案下沿旋风筒轴向的液态渣层厚度和液态渣流动速度如图 5 - 43 和图 5 - 44 所示。可以看出，耐火材料层敷设方案对液态渣层厚度和液态渣流动速度的影响不大。这是因为变耐火材料层厚度的设计方案仅改变了旋风筒内某段耐火材料层的厚度，对旋风筒内截面平均温度和液态渣层表面温度的影响较小，因此，液态渣黏度变化较小，液态渣流动速度的变化也较小。在沿旋风筒轴向方向，主燃区的液态渣层厚度从约 3.9mm 缓慢降低至约 3.8mm，出口段的液态渣层厚度从约 3.8mm 减薄至约 3.3mm。而沿旋风筒轴向方向，液态渣流动速度从约 19mm/s 提高至约 30mm/s。

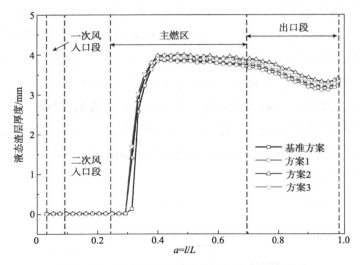

图 5-43　各方案下沿旋风筒轴向液态渣层厚度

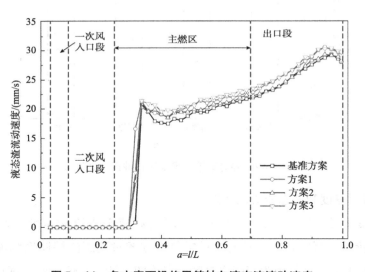

图 5-44　各方案下沿旋风筒轴向液态渣流动速度

各方案下沿旋风筒轴向的固态渣层厚度如图 5-45 所示。在旋风筒主燃区，各方案的耐火材料层厚度相同，均为 20mm，因为固态渣层厚度适应耐火材料层厚度的变化，因此，各方案的固态渣层厚度变化不大。在旋风筒出口段，耐火材料层厚度为 10mm 的方案 2 和方案 3 的固态渣层较耐火材料层厚度为 20mm 的基准方案和方案 1 厚，沿旋风筒轴向，基准方案和方案 1 的固态渣层厚度从约 12.9mm 减薄至约 3.3mm，在旋风筒轴向不同位置，方案 2 和方案 3 的固态渣层厚度比基准方案和方案 1 厚约 3.2mm。在旋风筒内特别是旋风筒内的高温区，固态渣层较薄，为有效降低耐火材料受到侵蚀的风险，需确保固态渣层存在并维持一定的厚度。适当减薄旋风筒高温区耐火材料层厚度不仅可以增厚固态渣层从而有效保护耐火材料层，还能显著降低耐火材料层的初投资。当然，实际运行中，还需结合渣口对旋风筒内熔渣的冷却作用选取最优的旋风筒渣口的耐火材料层厚度。

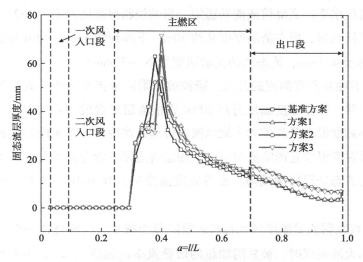

图 5-45　各方案下沿旋风筒轴向固态渣层厚度

在变厚度敷设耐火材料层时，也需尽量避免耐火材料层厚度的突变，耐火材料层厚度突变可能导致旋风筒内出现死角，造成颗粒在旋风筒内死角处不正常堆积，可采用厚度渐变的敷设方法布置耐火材料层。

## 5.9　本章小结

旋风燃烧锅炉采用液态排渣方式，旋风筒内大量熔融态灰颗粒在离心力的作用下被甩向旋风筒壁面，大部分颗粒被壁面黏附从而形成渣层。颗粒捕捉及渣层的形成与旋风筒内空间的流动及燃烧相互影响，仅依靠目前现有的商业软件还无法完成熔渣相关特性的数值模拟研究。本研究建立了旋风筒内颗粒捕捉判定准则及熔渣流动模型。采用用户自定义函数（User Defined Function，UDF）将熔渣相关模型与旋风筒内空间的流动与燃烧数值模拟相耦合，通过数值计算的方法研究了

## 液态排渣旋风炉的研究进展及应用

燃料特性(如临界黏度温度、灰含量和助熔剂添加量)对旋风燃烧锅炉旋风筒内渣层形成、熔渣流动及渣层传热特性的影响,并研究了耐火材料层厚度为10mm、20mm和30mm时的熔渣流动及渣层传热特性,提出了一种优化设计耐火材料层的方法,为旋风燃烧锅炉燃料的选择和优化提供参考。得出以下主要结论:

(1)由于旋风筒上部温度水平较低,一次风入口段和二次风入口段没有渣层形成。少量颗粒可能沉积在旋风筒一次风喷口的突扩区域。由于旋风筒底部维持着较高的温度水平,底部熔渣流动稳定。当燃烧临界黏度温度为1327K的紫金煤时,沿旋风筒轴向,固态渣层厚度从约30mm下降到约3mm,而液态渣层厚度从5.5mm下降至4.1mm,液态渣的流动速度为20~30mm/s。

(2)随着临界黏度温度的升高,颗粒被黏附质量流率减小,渣层形成的初始位置明显下移。临界黏度温度升高200K将使渣层形成的初始位置下移约0.9m。并且,临界黏度温度升高扩大了旋风筒内传递给水冷壁内工质的热流密度较大的区域。临界黏度温度还影响渣层厚度,固态渣层厚度随着临界黏度温度的升高逐渐增加,而液态渣层略微减薄。临界黏度温度每升高100K,液态渣层厚度减薄约1mm。

(3)颗粒黏附质量流率随燃料灰含量降低而减小,当燃烧$A_d = 6.77\%$的三河尖、黄陵和大同混煤时,被黏附颗粒的质量流率比燃烧$A_d = 12.79\%$的神府东胜煤1时减少了约0.04kg/(s·m²)。燃料灰含量对液态渣层厚度和固态渣层厚度的影响不大,随着燃料灰含量的减小,固态渣层厚度的变化不大,液态渣层略微减薄,液态渣流动速度减缓。当旋风筒燃烧灰含量较低的三河尖、黄陵和大同混煤($A_d = 6.77\%$)时,旋风筒内能形成连续稳定的渣层,液态渣层厚度在2.9~3.4mm,旋风筒底部渣层厚度为10.1mm。

(4)添加助熔剂能显著降低灰渣的临界黏度温度和黏度,添加助熔剂2.8%时已能使灰渣的临界黏度温度降低100K,并使渣层形成的初始位置从5.1m移至3.5m,固态渣层显著减薄,液态渣流动速度显著提高。但进一步增加助熔剂流量时,临界黏度温度和黏度的降低幅度减缓,渣层形成的初始位置略微上移,传递给水冷壁内工质的热流密度略微增加,当添加助熔剂8.3%时,在旋风筒底部,固态渣层厚度减薄至2.7mm,固态渣层过薄,增加了耐火材料受到侵蚀的风险。因此,对于五更山煤,添加助熔剂2.8%已能很好地改善煤种的特性使其能更适应采用旋风燃烧方式燃烧。

(5)在有渣层覆盖的壁面，渣层传递到水冷壁内工质的热流密度几乎不受耐火材料层厚度变化的影响，这是因为固态渣层厚度可以适应耐火材料层厚度的变化。耐火材料层厚度每增加10mm时，在旋风筒轴向不同位置，固态渣层减薄3~5mm。随着耐火材料层厚度的增加，沿旋风筒轴向，耐火材料表面温度升高越快，在主燃区和旋风筒出口段交界区域，耐火材料每增厚10mm，其表面温度升高约120K。在旋风筒底部，耐火材料层厚度每增加10mm可使其表面温度升高约200K。当耐火材料层厚度为30mm时，在旋风筒底部固态渣层厚度仅为0.3mm，继续增厚耐火材料层可能导致固态渣层消失，增加耐火材料受到侵蚀的风险，因此在旋风筒底部，耐火材料层不宜过厚以确保固态渣层的存在。

(6)本研究提出了一种变耐火材料层厚度的设计方法，即增厚一次风入口段和二次风入口段耐火材料层厚度来降低传递给水冷壁内工质的热量，减小旋风筒出口段耐火材料层厚度以确保固态渣层维持一定的厚度从而降低耐火材料受到侵蚀的风险。

# 6 旋风燃烧锅炉的污染物排放特性

旋风燃烧锅炉可以同时创造高温和强还原气氛条件，有望实现超低 $NO_x$ 的生成。目前大多数与 $NO_x$ 生成有关的研究都是在一维滴管炉中进行的，无法直接指导旋风筒中强烈旋流燃烧的情况。因此，本章将在第 3 节旋风燃烧实验系统上对旋风燃烧的 $NO_x$ 生成机制进行探讨，以揭示旋风燃烧中 $NO_x$ 生成的机理，并进一步提出减少 $NO_x$ 的策略。

## 6.1 旋风筒内氮氧化物生成特性

### 6.1.1 整体 $SR$ 对 $NO_x$ 生成的影响

旋风燃烧锅炉的整体 $SR$ 决定了 $O_2$ 浓度水平，并直接影响旋风燃烧过程中 $NO_x$ 的生成。同时，旋风燃烧锅炉的整体 $SR$ 与不完全燃烧损失密切相关。因此，本书对不同整体 $SR$(1.05、1.1 和 1.2)的工况进行了研究，在确保燃烧效率的前提下找到合适的旋风燃烧锅炉总 $SR$。旋风炉的整体 $SR$ 对 $NO_x$ 生成的影响如图 6 − 1 所示。如果将空气全部送入旋风筒，旋风筒内充足的 $O_2$ 将导致旋风筒和燃尽室出口处出现高水平的 $NO_x$。随着整体 $SR$ 从 1.2 降至 1.1 和 1.05，燃烧室出口处的 $NO_x$ 浓度分别下降了 8.6% 和 16.9%。虽然整体 $SR$ 的降低可以在一定程度上抑制 $NO_x$ 的产生，但也会降低旋风炉的燃烧效率。当整体 $SR$ 为 1.05 时，燃尽室出口的 CO 浓度可达到 3900μL/L。当整体 $SR$ 为 1.1 和 1.2 时，旋风炉燃尽室出口处的 CO 浓度仅为 40μL/L 和 10μL/L。考虑燃烧效率和 $NO_x$ 生成，因此，后续将以整体 $SR$ 为 1.1 进行研究。

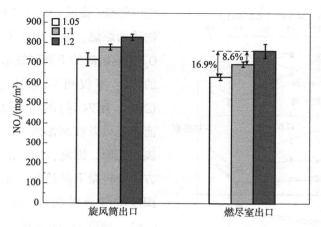

图 6 - 1    旋风炉整体 *SR* 对 NO$_x$ 生成的影响

## 6.1.2    旋风筒 *SR* 对 NO$_x$ 生成的影响

不同旋风筒 *SR* 条件下旋风炉内沿烟气流动方向的 NO$_x$、O$_2$ 和 CO 的浓度如图 6 - 2 所示。S1 ~ S4(距中心轴 90mm 处)为环形近壁区测点,S5 和 S6 分别为过渡烟道和旋风炉出口测点。如图 6 - 2(a)所示,从 S1 到 S5,在 *SR* 为 0.7 和 0.8 的情况下,NO$_x$ 浓度逐渐降低,在旋风筒出口处达到最低,但随着 OFA 的引入,NO$_x$ 形成略有增加。在旋风筒 *SR* 为 0.9 和 1.1 的情况下,NO$_x$ 浓度沿 S1 ~ S6 降低。在图 6 - 2(b)中,当旋风筒 *SR* 分别为 0.7、0.8 和 0.9 时,O$_2$ 浓度从 S1 到 S5 逐渐降低,然后在 S6 处随着 OFA 的引入而增加。而当旋风筒 *SR* 为 1.1 时,O$_2$ 浓度从 S1 到 S6 逐渐降低。如图 6 - 2(c)所示,当旋风筒 *SR* 为 0.7 时,CO 浓度从 S1 到 S5 略有下降,而当旋风筒 *SR* 为 0.8、0.9 和 1.1 时,CO 浓度从 S1 到 S5 略有增加。随着 OFA 的引入,CO 浓度显著降低。在本研究中,旋风筒 *SR* 为 1.1 的燃烧称为非分级燃烧,旋风筒 *SR* 为 0.8 和 0.7 的燃烧称为深度空气分级燃烧,旋风筒 *SR* 为 0.9 的燃烧称为浅度空气分级燃烧。

特别是对于非分级燃烧情况下(旋风筒 *SR* = 1.1),旋风筒上部形成大量 NO$_x$。S1 处烟气中 NO$_x$ 浓度高达 1025mg/m$^3$,这主要是因为煤粉的快速热解产生了大量的氮氧化物前体(NH$_3$ 和 HCN)。同时,一次风和二次风的引入形成了一个高氧浓度区,NH$_3$ 和 HCN 被迅速氧化成 NO$_x$。因此,降低一次风量可以有效地减少初始 NO$_x$ 的形成。此外,对于浅度空气分级燃烧(旋风 *SR* = 0.9)和非分级

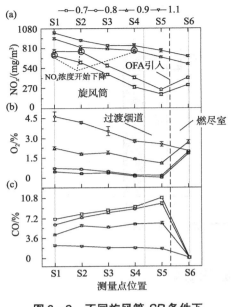

(a) 0.7 0.8 0.9 1.1

图 6 - 2　不同旋风筒 *SR* 条件下
旋风筒内的组分浓度

空气燃烧（旋风 *SR* = 1.1），随着挥发性物质的燃烧，烟气中的 $O_2$ 逐渐被消耗，$O_2$ 在旋风筒的下部区域浓度较低。生成的 $NO_x$ 不仅可以通过与还原性物质（$NH_3$、$HCN$ 等）的均相反应还原为 $N_2$，而且还可以在高浓度 CO 气氛下在焦炭表面还原。因此，$NO_x$ 浓度沿烟气流动方向呈轻微下降趋势。相比之下，对于深度空气分级燃烧（旋风 *SR* = 0.7 和 0.8），随着 $O_2$ 的消耗形成明显的贫氧气氛，导致 $NO_x$ 从 S1 下降到 S5 的最低值。这是由于以下三个原因：一是 $O_2$ 的贫乏抑制了 $NH_3$ 和 HCN 的氧化；二是 $NO_x$ 的还原反应是贫氧气氛下的主要反应；三是旋风筒内的强烈湍流可以改善传质，促进 $NO_x$ 与还原性物质的还原反应。此外，旋风 *SR* 的还原大大降低了旋风筒内的 $O_2$ 浓度，从而增强了还原气氛。随着旋风分筒 *SR* 的减小，旋风筒内发生 $NO_x$ 还原反应的区域变大。在浅度空气分级燃烧（旋风筒 *SR* = 0.9）中，S4 处 $NO_x$ 的还原率略有上升，说明旋风筒下部有 $NO_x$ 还原。而在深度空气分级燃烧条件下（旋风筒 *SR* = 0.7 和 0.8），当旋风筒 *SR* 分别为 0.8 和 0.7 时，$NO_x$ 浓度在 S2 和 S1 开始迅速下降，表明随着旋风筒 *SR* 的降低，旋风筒内 $NO_x$ 还原区变大。

如图 6 - 3 所示，旋风炉出口（S6 处）的 $NO_x$ 生成量在非分级燃烧（旋风筒 *SR* = 1.1）中高达 699mg/m³。随着旋风筒 *SR* 的减少，所形成的 $NO_x$ 量急剧减少。当旋风筒 *SR* 为 0.7 和 0.8 时，$NO_x$ 生成量下降了约 56% 和 41%。当旋风筒 *SR* 为 0.8 时，$NO_x$ 生成量低至 409mg/m³。此外，与我们之前研究中的滴管炉分级燃烧相比，旋风分级燃烧的 $NO_x$ 排放要低得多。在深度空气分级燃烧情况下（旋风筒 *SR* 为 0.8），旋风炉的 $NO_x$ 生成量（旋风筒 *SR* 为 0.8 时的旋流强度为 3.74）比滴管炉分级燃烧低约 200mg/m³。并且在非分级燃烧情况下，旋风炉的 $NO_x$ 排放量（旋风筒 *SR* 为 1.1 时的旋流强度为 10.03）也低于滴管炉。因此，旋风燃烧中强

烈的旋流效应也是 $NO_x$ 还原的有利因素, 旋风筒 $SR$ 调节时也需要考虑旋流强度的影响。

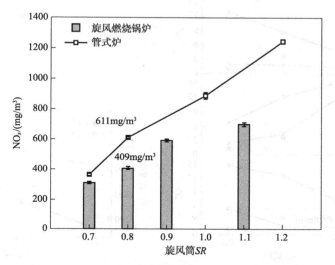

图6-3 旋风炉 $SR$ 对旋风炉出口 $NO_x$ 浓度的影响

## 6.2 旋风燃烧锅炉低碳燃烧策略

扩大还原区有利于降低 $NO_x$, 除降低旋风筒 $SR$ 外, 还可以通过降低一次风率来实现。为了阐明一次风率对 $NO_x$ 形成的影响, 在一次风率分别为 0.2、0.3 和 0.4 时, 在测量点 S1 和 S5 测量了 $NO_x$、CO 和 $O_2$ 浓度。当旋风筒 $SR$ 保持在 0.8 时, 通过调整一次空气和二次空气的比率来改变一次风率。如图 6-4 所示, 一次风率决定了 $O_2$ 浓度, 并显著影响旋风筒(S1)顶部的 CO 和 $NO_x$ 浓度。当一次风率从 0.4 降低到 0.2 时, 旋流强度从 1.23 增加到 12.81。结果, S1 测点 $O_2$ 从 1.06% 下降到 0.38%, CO 浓度从 5.07% 上升到 9.89%, $NO_x$ 浓度从 879.45mg/m³ 下降到 512.5mg/m³。当一次风率为 0.4 时, 旋风筒出口 $NO_x$ 几乎是一次风率为 0.2 时的 2 倍。因此, 保持旋风筒 $SR$ 不变, 降低一次风率, 会大大增强旋风筒内的旋流强度, 既减小了高 $O_2$ 浓度区域, 又扩大了 $NO_x$ 还原区。需要注意的是, 降低一次风率会显著降低烟气温度。如图 6-5 所示, 即使在一次风率为 0.2 时, 旋风筒出口附近的温度也高于流渣温度。

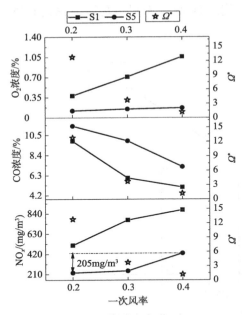

图6-4 一次风率对筒内组分
浓度分布的影响

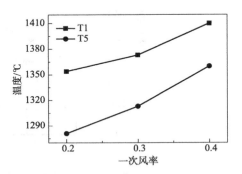

图6-5 一次风率对旋风筒出口
烟气温度的影响

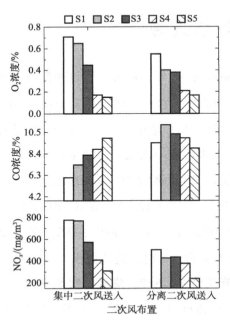

图6-6 二次风送风方式对近壁区域
组分浓度分布的影响

通过将集中送风(SA1 + SA2)调整为分散送风(SA1 + SA3),可以降低环形近壁区域的 $O_2$ 浓度。为研究旋风筒内二次风布置对组分浓度分布的影响,比较了二次风集中送风和分散式二次送分的组分浓度分布。如图6-6所示,与集中供风的情况相比,在二次供风分散的情况下,环形近壁区域(S1 ~ S4)的 $O_2$ 浓度显著降低,从而减少了 $NO_x$ 的生成。这是因为分散式送风可以有效避免 $O_2$ 过量,减少 $NO_x$ 的生成。在旋风筒出口(S5),虽然分散送风和集中送风之间的 $O_2$ 浓度几乎保持不变,但分散送风的 $NO_x$ 浓度为 $236mg/m^3$,降低了约23%。因此,分散二次风供给是降低环形近壁区域 $O_2$ 浓度,

进一步减少 $NO_x$ 生成的有效途径。二次风布置对旋风筒上部和出口温度的影响如图 6-7 所示。发现分散的二次空气供应会略微降低旋风分离器中的温度，而分散式二次风送风可提高旋风筒出口温度，更有利于出渣。

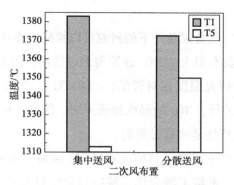

图 6-7　二次风送风方式对温度的影响

## 6.3　生物质与煤旋风混烧氮氧化物生成特性

生物质作为一种可再生能源，发挥着越来越重要的作用。由于其分布广泛，易于储存，便于运输，在世界能源结构中发挥着重要作用。生物质水分含量较高，成分复杂，且不同区域的生物质成分差别很大，使用生物质作为唯一燃料的锅炉效率相对较低。因此，生物质可以通过生物质和煤的共燃烧来利用。与纯生物质锅炉相比，生物质与煤共燃的锅炉效率更高，且生物质与煤混烧有助于降低氮氧化物生成。生物质的灰熔点低，宜采用适合低灰熔点燃料的旋风燃烧方式混烧生物质。

Munir 等[161]选择乳木果木、棉秆、甘蔗渣和木屑作为生物质，对生物质与煤在 600~1350℃下混烧的 $NO_x$ 生成特性进行了研究。研究发现，对于生物质的添加，在不同的化学计量比下，混烧生物质都使 $NO_x$ 的生成减少，特别是掺入 10% 的甘蔗渣可以减少 72% 的 NO 生成，他们将 $NO_x$ 的减少归因于挥发性物质中 CO、$H_2$ 和 $C_xH_y$ 的释放。Yang 等[162]对松木屑与煤在 800~1000℃共燃烧时 NO 的生成特性进行研究，结果表明，当掺入 50% 的松木屑时，$NO_x$ 的还原率最高，$NO_x$ 的减少是由于自由基的非催化还原。Saastamoinen 等[163]对树皮与煤在 650~1000℃混烧时 $NO_x$ 的生成特性进行研究。研究表明，树皮中的氮含量以轻质气态物质的形式释放，均匀氧化生成 $NO_x$。Sathitruangsak 和 Madhiyanon[164]研究表明，当燃烧温度为 $800 \sim 900℃$ 时，混烧 30% 的稻壳产生 200ppm 的 $NO_x$。Rokni 等[165]研究表明，当温度为 1350K 时，混烧稻壳和煤可以将 $NO_x$ 排放量降低到 210ppm。

结合前人在高温空气分级条件下的研究可以推断，在化学计量比低于 0.8 的高温下，混烧生物质具有很大的 $NO_x$ 还原潜力。然而，前人针对生物质与煤粉混烧的 $NO_x$ 生成特性的研究温度相对较低（<1400℃）。生物质和煤在氮含量和挥发分含量上存在显著差异，$NO_x$ 的形成特征不同。因此，研究在高温下生物质与煤粉混烧的 $NO_x$ 生成特性是非常必要的。

在电加热的滴管炉中，对煤和稻壳在高温（$1400 \sim 1600℃$）下共燃烧的 $NO_x$ 生成特性进行了研究，考察了混合比、温度和化学计量比对 $NO_x$ 形成特性的影响，并分别分析了热力型 $NO_x$ 和燃料型 $NO_x$，以阐明生物质与煤混烧 $NO_x$ 的形成机理。

## 6.3.1　实验系统和研究工况

本研究搭建了携带流生物质与煤粉混烧燃烧系统，该系统由气体分配单元、给煤单元、炉膛反应器和烟气分析单元组成。将两台串联收集且密封良好的电加热炉分别布置为上、下炉反应器。直径 40mm、长度 1000mm 的炉膛反应器材料为刚玉。两台加热炉的最高加热温度为 1800℃。质量流量计用于控制流量。一次风携带的燃料颗粒被注入上部炉膛反应器。为了获得稳定的燃料流量，使用流态化微型给料机，如图 6 - 8 所示。燃尽空气被送入钢法兰处的下部炉膛反应器。烟气分析仪（Testo 335）用于分析烟气中的 $NO_x$ 浓度（NO 和 $NO_2$）。

为了研究高温下 $NO_x$ 的生成特性，将上部炉膛反应器视为富燃料区，其温度在 1400℃、1500℃ 和 1600℃ 范围内变化。同时，下部反应区保持在 1100℃。对 $O_2/N_2$（21% $O_2$/78% $N_2$）和 $O_2/Ar$（21% $O_2$/78% Ar）条件进行了对比分析，来分别研究总 $NO_x$、燃料型 $NO_x$ 和热力型 $NO_x$ 的形成。假设在 $O_2/N_2$ 和 $O_2/Ar$ 条件下产生的燃料型 $NO_x$ 保持不变。在 $O_2/N_2$ 气氛中产生的 $NO_x$ 被视为总 $NO_x$，在 $O_2/Ar$ 气氛中产生的 $NO_x$ 被视为燃料型 $NO_x$。因此，在相同条件下，总 $NO_x$ 减去燃料型 $NO_x$ 被视为热力型 $NO_x$。为了便于描述，上部炉膛反应器标有下标 "1"。整个燃烧炉反应器（包括上部炉和下部炉）的化学计量比为 1.2。为了研

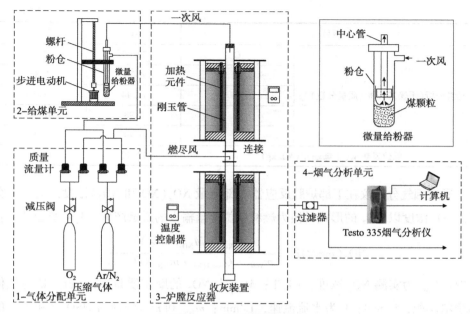

图6-8 携带流实验系统

究空气分级($SR_1 < 1$)燃烧中$NO_x$的生成特性，当下部炉膛反应器的化学计量比为1.2时，通过调节气流的质量流量，上部炉膛反应器($SR_1$)的化学计量比在0.5、0.6、0.7、0.8、1和1.2范围内变化。实验在大气压下进行。本研究以稻壳为生物质，将稻壳与红沙泉（HSQ）煤混合。稻壳和红沙泉煤的燃料特性如表6-1所示。稻壳的掺混比（$BR$）变化范围为0、20%和40%。混烧比表示生物质热值与生物质和煤炭总热值的比率。因此，改变煤和稻壳的质量流量以确保在每种工况下总热值保持不变，如图6-9所示。当掺混比从0增加到40%时，燃料中的N含量从0.98%单调下降到0.66%。燃料样品的粒径在$100 \sim 150 \mu m$。所有工况均分3次进行重复验证。$NO_x$浓度的测量不确定度由图中的误差条表示。

表6-1 煤质参数

| 项目 | | 煤 | 稻壳 |
| --- | --- | --- | --- |
| 工业分析（干燥基）/%（质量分数） | 固定碳 FC | 55.21 | 14.60 |
| | 挥发分 V | 35.99 | 63.19 |
| | 灰 A | 8.80 | 12.91 |

续表

| 项目 | | 煤 | 稻壳 |
|---|---|---|---|
| 元素分析(干燥基)/%(质量分数) | C | 72.09 | 42.17 |
| | H | 4.20 | 1.86 |
| | O | 13.44 | 41.30 |
| | N | 0.98 | 0.37 |
| | S | 0.49 | 0.06 |
| 低位发热量(干燥基)/(MJ/kg) | | 27.40 | 16.26 |

通过烟气分析仪在下部炉膛反应器底部测量 $NO_x$($NO$ 和 $NO_2$)浓度。为便于分析,$NO_x$ 浓度以 $NO_2$ 的形式转换为燃料单位能量输入的质量产量,其计算公式为:

$$NO_2(mg/MJ) = \frac{C_{NO_x} \times M_{NO_2}/M \times V}{m_{HSQ} \times Q_{net,HSQ} + m_{RH} \times Q_{net,RH}}$$

式中:$C_{NO_x}$ 为实测 $NO_x$ 浓度,$\mu L/L$;$M_{NO_2}$ 为 $NO_2$ 的摩尔质量,g/mol;$M$ 为气体的摩尔体积,L/mol;$V$ 为水流流速,L/min;$m_{HSQ}$ 和 $m_{RH}$ 分别为 HSQ 煤和稻壳的质量流量,g/min;$Q_{net,HSQ}$ 和 $Q_{net,RH}$ 分别为 HSQ 煤和稻壳的净热值,kJ/kg。

将 $NO_x$ 浓度值换算为燃料中 N 元素转化为 NO 的转化率,研究 $NO_x$ 的生成特性,计算公式如下:

$$X_{N-NO_2} = \frac{C_{NO_x} \times M_{NO_2}/M \times V \times M_{NO}/M_{NO_2}}{m_{HSQ} \times N_{HSQ} + m_{RH} \times N_{RH}}$$

式中:$M_{NO}$ 为 NO 的摩尔质量,g/mol;$N_{HSQ}$ 和 $N_{RH}$ 分别为 HSQ 煤和稻壳中 N 元素的含量。

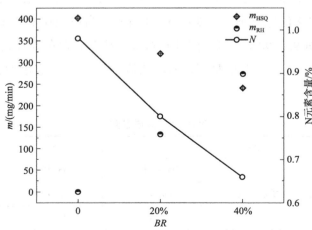

图 6-9　燃料流率和 N 元素含量

## 6.3.2 掺混比的影响

图 6-10(a)~(c)所示分别为掺混比(0、20% 和 40%)对 1600℃、1500℃ 和 1400℃下 $NO_x$ 生成的影响。不同掺混比下 N 转化为 $NO_x$ 的转化率如图 6-11 所示。当 $SR_1$ 在 0.5~0.8 范围内时，$NO_x$ 的生成量随着掺混比的增加略有下降。氮氧化物的生成量保持在 5~30mg/MJ。在低 $SR_1$ 条件下，$O_2$ 浓度不足。生成的 CO 有助于降低贫氧气氛中 $NO_x$ 的生成。此时，混烧稻壳很难降低 $NO_x$。

当 $SR_1$ 从 0.8 增加到 1.2 时，$NO_x$ 的生成显著增加。这可能是因为在高温下会产生大量热力型 $NO_x$，使 $NO_x$ 的减少受到抑制。在高 $SR_1$ 下，$O_2$ 在高氧浓度下会与焦炭和 CO 快速反应。还原性焦炭和 CO 的快速消耗不利于 $NO_x$ 还原。此外，混烧可以显著减少 $NO_x$ 的生成。随着 BR 的增加，$NO_x$ 的生成量急剧下降。当 $SR_1$ 为 1.2，温度为 1600℃时，$NO_x$ 生成值为 720mg/MJ，燃用纯煤粉时 N 的转化率可达到 61.1%。当 BR 增加到 20% 时，$NO_x$ 生成量下降约 270mg/MJ，当 BR 为 40% 时，$NO_x$ 生成量下降约 530mg/MJ。添加 40% 的稻壳可使转化率降低 41.6%。在 $SR_1$ 较高的条件下，混烧稻壳能够大量减少 $NO_x$ 的生成，这是因为煤和稻壳的 $NO_x$ 生成机制不同。煤中 N 元素含量为 0.98%，稻壳中 N 元素含量为 0.37%。与煤相比，稻壳中的燃料 N 元素含量非常低，导致混合稻壳后产生的燃料型氮氧化物减少。此外，稻壳的挥发分含量为 63.19%，是煤的 2 倍。挥发性物质中会释放出大量还原元素。还原元素将迅速消耗大气中的 $O_2$，形成局部还原性大气，从而抑制 $NO_x$ 的形成。此外，稻壳挥发物中的 N 更多地以 $NH_i$ 的形式释放，而不是 HCN 或 CN。前驱物 $NH_i$ 基团更容易通过以下反应将 $NO_x$ 还原为 $N_2$：

$$NO + NH \longrightarrow N_2 + H_2O$$
$$NO + NH \longrightarrow N_2 + OH$$

稻壳挥发物中也会释放出还原性碳氢化合物($CH_i$)，这将在降低 $NO_x$ 方面起到至关重要的作用。Taniguchi[134]研究表明，$CH_i$ 的还原功能在高温下更为明显。此外，煤焦还可以促进 $NO_x$ 还原。生物质焦比煤焦具有更高的孔隙率和活性。因此，当与生物质混合时，更多的生物质焦可以促进 $NO_x$ 减少。反应如下：

$$NO + (—C) \longrightarrow N_2 + (—CO)$$

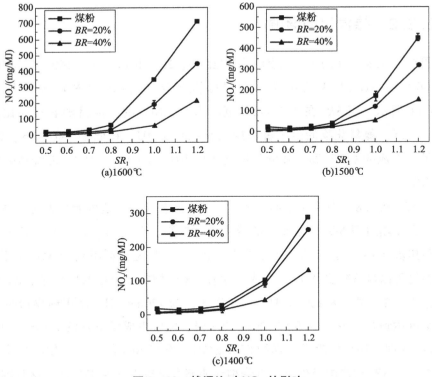

图 6 - 10　掺混比对 NO$_x$ 的影响

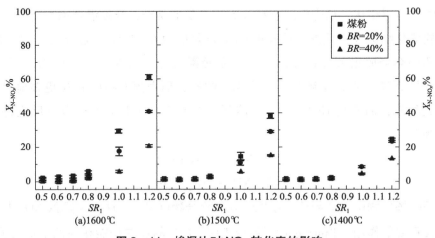

图 6 - 11　掺混比对 NO$_x$ 转化率的影响

当 $SR_1$ 为 1 时，在 1600℃、1500℃ 和 1400℃ 时，添加 40% 的稻壳时分别生成 56mg/MJ、50mg/MJ 和 43mg/MJ 的 NO$_x$。同时，N 的转化率低至 5% 左右。因

此，当掺混比较大时，可采用浅度空气分级燃烧($SR_1$略低于1)技术，以保持较低的$NO_x$生成。在1400℃和1500℃时，当$SR_1$为0.5和0.6时，$NO_x$的生成量小于30mg/MJ。$NO_x$的生成相对较低。当$SR_1$从0.6降至0.5时，$NO_x$生成的变化非常小。在1500℃和1400℃时，当$SR_1$从0.6降至0.5时，燃煤$NO_x$的生成略有增加。这可能是因为当$SR_1$从0.6降至0.5时，不完全燃烧的程度加深，导致部分N残留在焦炭中。随后，引入燃尽空气后，剩余的N将转化为$NO_x$。之前的研究表明，当$SR_1$从0.6降低到0.5时，未燃煤焦增加。这种现象只发生在燃煤的情况下，而在生物质与煤粉混烧时没有发生。混烧减弱了焦炭中残余N对$NO_x$生成的影响，这是因为煤中的固定碳含量远远高于混合燃烧燃料中的固定碳含量。

### 6.3.3 温度的影响

在不同温度下燃烧煤时$NO_x$的生成特性如图6-12(a)所示。$BR$分别为20%

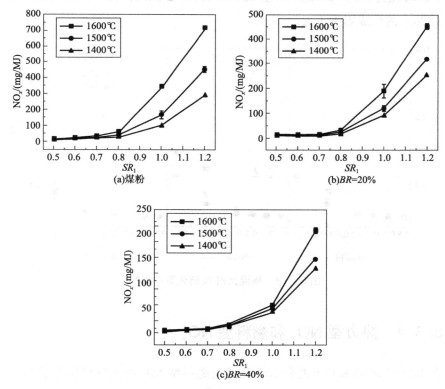

图6-12　掺混比对$NO_x$生成的影响

和40%时的 $NO_x$ 形成特性如图6-12(b)、(c)所示。当 $SR_1 > 0.8$ 时，温度对燃煤和 $BR = 20\%$ 的 $NO_x$ 生成的影响比 $BR = 40\%$ 的影响更为明显。当 $SR_1$ 为1.2时，1600℃燃烧煤的 $NO_x$ 生成量为716mg/MJ，而当温度为1400℃时，$NO_x$ 生成量急剧下降至287mg/MJ。这一现象与我们之前的研究一致。其原因是热力型 $NO_x$ 的形成和燃料氮的释放主要受温度的影响。当温度高于1400℃时，热力型 $NO_x$ 的生成量将随着温度的升高而显著增加。因此，当 $SR_1$ 高于0.8时，1600℃比1500℃会产生更多的热力型 $NO_x$，从而导致较高的 $NO_x$ 生成。当 $SR_1$ 低于0.8时，由于 $O_2$ 严重不足，即使温度高达1600℃，也不足以产生丰富的热力型 $NO_x$。然而，当 $SR_1$ 为1.2时，混合40%稻壳的 $NO_x$ 生成量略有下降，从1600℃时的208mg/MJ 降至1400℃时的130mg/MJ。这是因为当40%的生物质混合时，大部分 N 主要以挥发性 N 的形式释放。释放的挥发性 N 容易减少，导致在1400~1600℃温度范围内形成低 $NO_x$。如图6-13所示，在不同温度下，与40%的稻壳混合，N 转化为 $NO_x$ 的转化率低至16%~20%。结果表明，当 $BR$ 达到40%时，温度对 $NO_x$ 的生成影响不大。

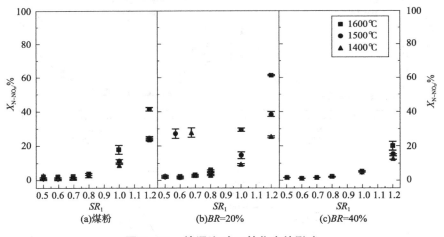

图6-13　掺混比对 N 转化率的影响

## 6.3.4　热力型 $NO_x$ 和燃料型 $NO_x$

在1600℃和1500℃下混合20%稻壳时燃料型 $NO_x$ 的生成和热力型 $NO_x$ 的生成如图6-14所示。当 $SR_1 < 0.8$ 时，$NO_x$ 的生成可控制在40mg/MJ 以内。$NO_x$

的生成相对较低。这一现象表明，在低 $SR_1$ 下，高温不会促进热 $NO_x$ 的形成。由于热力型 $NO_x$ 和燃料型 $NO_x$ 的形成机理不同，热力型 $NO_x$ 的比例随着 $SR_1$ 的降低而增加。N 的释放和局部氧浓度有关。因此，由于 $O_2$ 不足，随着 $SR_1$ 的减少，燃油 $NO_x$ 的量急剧减少。另外，热 $NO_x$ 的形成与大气和温度有关。由于 $O_2$ 不足，热力型 $NO_x$ 的量也随着 $SR_1$ 的减少而减少。根据 Zeldovich 提出的 $NO_x$ 形成机制，热力型 $NO_x$ 的形成也与产品浓度有关。当产物浓度较低时，有利于 $NO_x$ 生成的正反应。因此，热力型 $NO_x$ 的比例随着 $SR_1$ 的减少而增加。

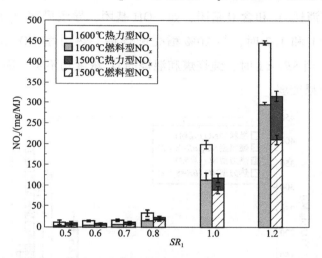

图 6 - 14　当温度为 1600℃ 和 1500℃ 时燃料型 $NO_x$ 和热力型 $NO_x$ 的生成( $BR$ =20% )

当温度为 1600℃ 时，在 $SR_1$ 为 1 和 1.2 时，热力型 $NO_x$ 的生成量分别占总 $NO_x$ 的 43% 和 35%。当温度降至 1500℃ 时，热力型 $NO_x$ 在总 $NO_x$ 中的比例分别下降到 25% 和 33%，$SR_1$ 分别为 1 和 1.2。结果表明，非分级( $SR_1$ >1)混烧生物质的热力型 $NO_x$ 生成是高温下总 $NO_x$ 生成的重要组成部分。当温度从 1600℃ 降至 1500℃ 时，$NO_x$ 的减少主要是由于热力型 $NO_x$ 的减少。当温度从 1500℃ 升高到 1600℃ 时，$SR_1$ 分别为 1 和 1.2，热力型 $NO_x$ 分别增加 193% 和 46%。这是因为当温度超过 1500℃ 时，会形成大量的 $NO_x$。根据 Zeldovich 提出的 $NO_x$ 形成机制，$NO_x$ 的形成随着温度的升高而增加。当温度从 1500℃ 升高到 1600℃ 时，$SR_1$ 分别为 1 和 1.2，燃料型 $NO_x$ 分别增加 28% 和 39%。这是因为在 $O_2$ 充足的情况下，高温会导致更多的燃料型氮氧化生成。

在 1600℃ 下燃烧煤炭和混合 20% 稻壳时燃料型 $NO_x$ 和热力型 $NO_x$ 的形成。

在不同的 $SR_1$ 条件下，掺入 20% 的稻壳可以减少燃料型 $NO_x$ 和热力型 $NO_x$ 的生成量。当煤与 20% 的稻壳混合时，在 $SR_1$ 为 1 和 1.2 时，燃料型 $NO_x$ 生成量分别减少 14% 和 16%。降低燃料型 $NO_x$ 生成的原因是稻壳具有更多的 $CH_i$ 还原基团和挥发物。稻壳中的 N 主要以挥发分 N 的形式释放，挥发分 N 很容易被还原基团还原为 $N_2$。此外，混合稻壳可以显著减少不分级燃烧时热力型 $NO_x$ 的生成。这是因为根据 Zeldovich 提出的 $NO_x$ 形成机制，热力型 $NO_x$ 主要与局部 $O_2$ 浓度有关。挥发性物质的燃烧非常迅速。由于挥发物含量高，稻壳在燃烧过程中快速消耗 $O_2$ 和含氧基团，如—OH 基团，导致局部 $O_2$ 浓度低。特别是，当 $SR_1$ 为 1 和 1.2 时，与 20% 稻壳配煤后，热力型 $NO_x$ 生成分别减少 64% 和 55%。当 $SR_1 < 1$ 时，纯烧煤和混烧的 $O_2$ 浓度均不足，因此混烧的热力型 $NO_x$ 还原效果变弱。

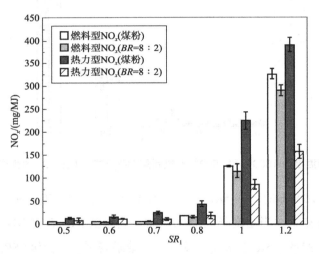

图 6 – 15　1600℃ 下不同掺混比下的燃料型 $NO_x$ 和热力型 $NO_x$

混烧的 $NO_x$ 形成和还原的可能机制如图 6 – 16 所示。稻壳中含有大量的挥发性物质。更多的燃料 N 以挥发性 N 的形式释放。前驱物可能被氧化为 $NO_x$ 或还原为 $N_2$。挥发物的燃烧快速消耗大量 $O_2$，并产生足够的还原组分，如 CO。此外，生物质挥发物释放出大量还原组分 $C_xH_y$。因此，还原组分（$C_xH_y$ 和 CO）将通过均相反应和非均相反应促进 $NO_x$ 还原。此外，稻壳焦具有较高的孔隙率和活性，这将促进 $NO_x$ 降低。因此，混烧可以减少 $NO_x$ 的生成。

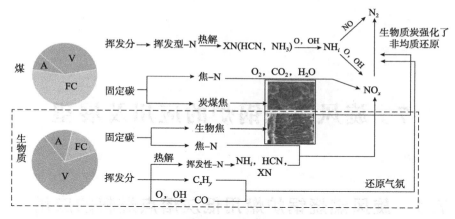

**图 6－16  混烧燃烧降低 NO$_x$ 的可能机制**

## 6.4  本章小结

本章对旋风燃烧锅炉纯烧煤和在强还原性气氛条件下混烧生物质的氮氧化物生成特性进行了研究，得出以下主要结论：

（1）降低一次风量将大大提高旋风筒内的旋流强度，这不仅减少了高 O$_2$ 浓度的区域，而且扩大了 NO$_x$ 还原区。通过分散二次风送入，可以降低环形近壁区域中的 O$_2$ 浓度，从而将 NO$_x$ 的生成抑制23%。

（2）无论是在空气分级还是非空气分级条件下，由于旋风燃烧的旋流效应，旋风燃烧的 NO$_x$ 排放量都低于层流滴管炉空气分级燃烧时的 NO$_x$ 排放量。

（3）在1400～1600℃温度范围内，当 $SR>1$ 时，稻壳的加入促进 NO$_x$ 还原。当 $BR$ 达到40%时，温度对 NO$_x$ 的生成影响不大，浅度空气分级燃烧可以有效降低 NO$_x$ 的生成。在化学计量比大于1的高温下，煤与稻壳的混烧主要降低了热力型 NO$_x$ 的生成。研究阐明了混烧稻壳降低 NO$_x$ 的机理，混烧使挥发分、还原基团和生物量碳增加，N 元素含量降低，导致较低的 NO$_x$ 生成。

# 7 旋风燃烧锅炉的应用及展望

## 7.1 旋风燃烧锅炉燃用低灰熔点燃料的应用

我国煤炭资源储量丰富，其中有很大一部分属于低灰熔点煤。当煤粉炉燃用低灰熔点煤时，呈熔融状态的灰极易在受热面表面结渣，给锅炉运行带来巨大的安全隐患。旋风燃烧方式是一种适用于低灰熔点煤的燃烧方式，与煤粉锅炉运行时需避免结渣不同，旋风燃烧锅炉采用液态排渣，在旋风筒内形成稳定的熔渣层是非常必要的，因此，旋风燃烧方式较其他燃烧方式能更好地利用低灰熔点煤。

## 7.2 旋风燃烧锅炉燃用高碱煤的应用

我国还有储量丰富的高碱煤，如新疆准噶尔盆地东部的准东煤，其储量为3500亿~4000亿吨，占全国总煤炭储量的7%~8%。按照我国目前的年煤耗量计算，准东煤可以满足我国未来100年的煤炭消耗。准东煤是良好的动力用煤，具有高挥发分、低灰、低硫、易着火和燃尽等特点，但长时间全烧准东煤易使水冷壁和高温对流受热面形成致密的黏性灰层，影响锅炉稳定安全运行。学者们普遍认为形成积灰的主要原因是准东煤的碱含量高[166,167]（通常高于5%），燃烧时碱性氧化物升华，遇到较低壁温的受热面时，极易凝结（凝结温度约为800℃）。目前，缓解燃准东煤时受热面积灰问题的主要方法是掺烧其他煤种，这大大降低了准东煤的使用率[168]。从根本上解决燃烧高碱煤时受热面积灰问题的一种方法是将锅炉炉膛出口烟气温度控制在高碱金属蒸汽的凝结温度以下，使高碱金属蒸气在进入密集对流受热面之前就被凝结。旋风燃烧方式就能从理论上解决燃烧高碱煤时严重的受热面积灰问题，可利用旋风燃烧锅炉燃烧和传热相对分离的特点，通过合理布置受热面使旋风燃烧锅炉炉膛出口烟气温度降低到凝结温度以下，从而使进入高温对流受热面的高碱金属蒸气大幅度减少，有效避免了高温黏结灰的形成。上海交通大学的研究发现采用液态排渣的旋风燃烧技术还能捕捉一定量的碱金属。国家科学技术部也鼓励发展全烧准东煤的液态排渣锅炉[169]来解决燃烧高碱煤(如准东煤)时受热面积灰问题。

## 7.3　旋风燃烧锅炉展望

为了缓解日益紧张的能源局势并适应新时期下的能源格局，旋风燃烧锅炉已成为一种非常具有竞争力的炉型。为实现"双碳"目标，我国正加速建设新能源电力系统，高比例并网将给电力系统的安全稳定运行带来巨大挑战。为大比例消纳新能源，亟须煤电机组具备安全高效的快速深度调峰运行以及长期低负荷运行的能力。由于煤粉锅炉的系统复杂庞大、热惯性大且延迟强，锅炉系统调节速率远低于汽轮机系统调节速率，极大地限制了煤电机组的快速变负荷能力。常规煤粉锅炉难以实现负荷快速变化且低负荷燃烧稳定性差，成为限制提升煤电机组的快速深度变负荷能力的重要短板。

相比常规煤粉锅炉，旋风燃烧锅炉的燃烧和传热在空间上相对分离，燃烧主要发生在旋风筒，换热发生在主炉膛，旋风筒内强烈的湍流混合可平抑火焰中心位置和温度的剧烈变化，使旋风筒出口烟气温度变化平稳，燃烧波动对炉膛换热的影响更弱，更易实现负荷快速变化。同时，由于旋风燃烧锅炉的各旋风筒相对独立，单个旋风筒的负荷条件几乎不会影响其他旋风筒的燃烧。并且在旋风燃烧过程中，大量燃料颗粒在强烈离心力作用下被甩向旋风筒内壁面燃烧形成高温熔渣层，高温熔渣层具有一定的蓄热能力和热惯性，为旋风筒内燃料的着火燃烧提供了有利条件。当负荷减小时，截面热负荷降低会使熔渣层凝固放热，渣层增厚；而当负荷增大时，截面热负荷上升会使固态渣层熔化吸热，渣层减薄。渣层的上述自调节行为使旋风筒内燃烧具有变负荷自适应能力，能抑制由于负荷变化而导致的燃烧不稳定性；在低负荷运行时，渣层仍可以维持筒内的高温，有助于煤粉着火、燃尽和低负荷稳燃。可见，旋风燃烧锅炉在实现负荷快速变化和低负荷稳燃方面更具优势。

液态排渣旋风燃烧锅炉具有快速变负荷与低负荷稳燃的天然优势，可作为深度调峰背景下的机组热源，将在新能源系统建设过程中发挥重大作用，后续针对动态调峰条件下旋风燃烧锅炉的变负荷特性的研究将非常重要。

# 参考文献

[1] WU S, BAI W, TANG C, et al. A novel boiler design for high – sodium coal in power generation [C]. San Diego, CA, 2015: 49167.

[2] DENG L, TAN X, TANG C, et al. A study on water – quenching waste heat recovery from molten slag of slag – tap boilers[J]. Applied Thermal Engineering, 2016, 108: 538 – 545.

[3] LANI B W, FEELEY T J, MURPHY J, et al. A review of DOE/NETL's advanced $NO_x$ control technology R&D program for coal – fired power plants[C]. 2005.

[4] LANI B W, FEELEY T J, MILLER C E, et al. DOE/NETL's $NO_x$ emissions control R&D program – bringing advanced technology to the marketplace[C]//2008.

[5] SARV H, SAYRE A N, MARINGO G J. Selective use of oxygen and in – furnace combustion techniques for $NO_x$ reduction in coal burning cyclone boilers [C]//Clearwater, Florida, 2008: 1809.

[6] FARZAN H, MARINGO G J, JOHNSON D W, et al. B&W advances on cyclone $NO_x$ control via fuel and air staging technologies[C]//Atlanta, Georgia, 1999: 1683.

[7] SARV H, CHEN Z, SAYRE A, et al. Oxygen – enriched combustion of a powder river basin black thunder coal for $NO_x$ reduction in a cyclone furnace[C]//2009.

[8] DEVAULT D J, MCDONALD D K. Cyclone furnace for oxygen fired boilers with flue gas recirculation[C]. US, 2007.

[9] CREMER M A, ADAMS B R. Cyclone boiler field testing of advanced layered $NO_x$ control technology in sioux unit 1[J]. 2006.

[10] CREMER M A, WANG H D, BOLL D E, et al. Improved rich reagent injection(RRI)performance for $NO_x$ control in coal fired utility boilers[J]. Robotica, 2004, 4(6): 127 – 129.

[11] BOCKELIE M J. $NO_x$ control options and integration for us coal fired boilers[J]. Ammonia, 2004, 2(1): 23 – 23.

[12] FRY A, DAVIS D, CREMER M, et al. Pilot – scale demonstration of ALTA for $NO_x$ control in pulverized coal – fired boilers[J]. Technical Report, 2008.

[13] SARV H, SAYRE A N, MARINGO G J, et al. System and method for minimizing nitrogen oxide ($NO_x$)emissions in cyclone combustors[C]//EP, 2010.

[14] CREMER M, CHIODO A, ADAMS B. Sub 0.15 lb MBtu $NO_x$ emissions achieved with ALTA on a 500MW cyclone fired boiler[C]. Salt Lake City, 2006.

[15] PRITCHARD S, HELLARD D, COCHRAN J. Catalyst design experience for 640MW cyclone boiler fired with 100% PRB fuel[J].

［16］MCVAY M，PATTERSON P D. Illinois power's online dynamic optimization of cyclone boilers for efficiency and emissions improvement［C］//Baltimore，Maryland，1998.

［17］KITTO J B，STULTZ S C. Steam – its generation and use［M］. Ohio，U. S. A.：The Babock & Wilcox，2005.

［18］王茂刚. 旋风炉设计与运行［M］. 北京：机械工业出版社，1980.

［19］KITTO J B，STULTZ S C. Steam – Its generation and use［M］. Charlotte：Babcock & Wilcox Company，2005.

［20］STANSEL J C，GERDING R B. TRW's entrained slagging coal combustion［C］. Ohio，USA 5th International coal utilization conference，1982：38 – 54.

［21］KALMANOVITCH D P，FRANK M. An effective model of viscosity for ash deposition phenomena ［C］. In Engineering Foundation Conference on Mineval Matter and Ash Deposition from Coal，United Engineering Trustees Inc.，Santa Barbara，CA，1998.

［22］余立新，孙文超，吴承康. 改进型液排渣煤粉燃烧器实验研究［J］. 燃烧科学与技术，2001，7（1）：35 – 38.

［23］纪任山. 煤粉工业锅炉燃烧的数值模拟［J］. 煤炭学报，2009，34（12）：1703 – 1706.

［24］李代力，王智化，许岩韦，等. 液态排渣炉燃烧过程的数值模拟［J］. 浙江大学学报（工学版），2013，47（2）：280 – 286.

［25］王学涛，金保升，徐斌，等. 利用旋风炉玻璃化处理垃圾焚烧飞灰实验研究［J］. 燃料化学学报，2010，38（5）：621 – 625.

［26］肖刚. 城市垃圾流化床气化与旋风燃烧熔融特性研究［D］. 杭州：浙江大学，2006.

［27］别如山，张庆红，惠阳. 垃圾焚烧飞灰旋风炉高温熔融试验研究［J］. 工业锅炉，2009（4）：1 – 4.

［28］朱文俐. 城市垃圾气化熔融系统中旋风熔融炉的数值模拟［D］. 杭州：浙江大学，2006.

［29］陈恩鉴，林伯川，阎常峰. 煤粉低尘燃烧技术［J］. 节能与环保，2002（11）：21 – 23.

［30］林伯川，陈思鉴，吴承康. 煤粉旋风燃烧过程流场特性研究［J］. 工程热物理学报，2001，22（4）：523 – 525.

［31］汪小憨. 煤粉近壁燃烧模型构建及液排渣式燃烧器的特性研究［D］. 合肥：中国科学技术大学，2006.

［32］冉景煜，刘丽娟，黎柴佐. 新型液排渣燃烧器内燃烧特性的数值模拟［J］. 煤炭转化，2012，35（3）：55 – 59.

［33］冉景煜，刘丽娟，黎柴佐. 一种旋风燃烧器内煤颗粒燃烧及沉积特性的研究［J］. 动力工程学报，2012，32（11）：836 – 840.

［34］RAN J，LIU L，LI C，et al. Numerical study on optimum designing of the air distribution structure of a new cyclone combustor［C］//2012：3005 – 3014.

[35]白文刚. 高温强还原低 NO$_x$ 燃烧技术及其在旋风燃烧锅炉中的应用研究[D]. 西安：西安交通大学，2015.

[36]白文刚，吴松，唐春丽，等. 新一代旋风燃烧锅炉旋风筒热平衡分析[C]. 中国工程热物理年会，西安，2014：141156.

[37]BAI W G, LI H, DENG L, et al. Air – staged combustion characteristics of pulverized coal under high temperature and strong reducing atmosphere conditions[J]. Energy & Fuels, 2014, 28 (3)：1820 – 1828.

[38]KRASINSKY D V, SALOMATOV V V, ANUFRIEV I S, et al. Modeling of pulverized coal combustion processes in a vortex furnace of improved design. Part 1：Flow aerodynamics in a vortex furnace[J]. Thermal Engineering, 2015, 62(2)：117 – 122.

[39]KRASINSKY D V, SALOMATOV V V, ANUFRIEV I S, et al. Modeling of pulverized coal combustion processes in a vortex furnace of improved design. Part 2：Combustion of brown coal from the Kansk – Achinsk Basin in a vortex furnace[J]. Thermal Engineering, 2015, 62(3)：208 – 214.

[40]ANIKIN Y A, ANUFRIEV I S, SHADRIN E Y, et al. Diagnostics of swirl flow spatial structure in a vortex furnace model[J]. Thermophysics and Aeromechanics, 2015, 21(6)：777 – 778.

[41]周力行，NIEH S, YANG G. 旋风两相流动和燃烧数值模拟理论及流场预报[J]. 工程热物理学报，1989，10(4)：440 – 445.

[42]还博文，王振宇. 强旋湍流气固两相流动和煤粉燃烧数值模拟[J]. 动力工程，1998，18(3)：44 – 49，89.

[43]杨海，还博文，张小斐. $\kappa - \varepsilon - \kappa\rho$ 模型的 $C\mu$ 修正及三维强旋气相流场预报[J]. 热力发电，1998(5)：4 – 7，54.

[44]WANG H, HARB J N. Modeling of ash deposition in large – scale combustion facilities burning pulverized coal[J]. Progress in Energy and Combustion Science, 1997, 23(3)：267 – 282.

[45]WANG X H, ZHAO D Q, He LB, et al. Modeling of a coal – fired slagging combustor：development of a slag submodel[J]. Combustion and Flame, 2007, 149(3)：249 – 260.

[46]MOZA A K, AUSTIN L G. Studies on slag deposit formation in pulverized coal combustors. 1. Results on the wetting and adherence of synthetic coal ash drops on steel[J]. Fuel, 1981, 60(11)：1057 – 1064.

[47]ABBOTT M F, MOZA A K, AUSTIN L G. Studies on slag deposit formation in pulverized coal combustors. 2. Results on the wetting and adhesion of synthetic ash drops on different steel substrates[J]. Fuel, 1981, 60(11)：1065 – 1072.

[48]MOZA A K, AUSTIN L G. Studies on slag deposit formation in pulverized – coal combustors. 3. Preliminary hypothesis for the sticking behaviour of slag drops on steels[J]. Fuel, 1982, 61(2)：161 – 165.

[49] ABBOTT M F, AUSTIN L G. Studies on slag deposit formation in pulverized – coal combustors: 4. Comparison of sticking behaviour of minerals and low – temperature and ASTM high – temperature coal ash on medium carbon steel substrates[J]. Fuel, 1982, 61(8): 765 – 770.

[50] ABBOTT M F, CONN R E, AUSTIN L G. Studies on slag deposit formation in pulverized – coal combustors: 5. Effect of flame temperature, thermal cycling of the steel substrate and time on the adhesion of slag drops to oxidized boiler steels[J]. Fuel, 1985, 64(6): 827 – 831.

[51] ABBOTT M F, AUSTIN L G. Studies on slag deposit formation in pulverized – coal combustors: 6. Sticking behaviour of slag drops from three Pennsylvania steam coals[J]. Fuel, 1985, 64(6): 832 – 838.

[52] BARROSO J, BALLESTER J, FERRER L, et al. Study of coal ash deposition in an entrained flow reactor: Influence of coal type, blend composition and operating conditions[J]. Fuel Processing Technology, 2006, 87(8): 737 – 752.

[53] TROIANO M, SOLIMENE R, SALATINO P, et al. Multiphase flow patterns in entrained – flow slagging gasifiers: Physical modelling of particle – wall impact at near – ambient conditions[J]. Fuel Processing Technology, 2016, 141: 106 – 116.

[54] GIBSON L T M, SHADLE L J, PISUPATI S V. Determination of sticking probability based on the critical velocity derived from a visco – elastoplastic model to characterize ash deposition in an entrained flow gasifier[J]. Energy & Fuels, 2014, 28(8): 5307 – 5317.

[55] ICHIKAWA K, KAJITANI S, OKI Y, et al. Study on char deposition characteristics on the heat exchanger tube in a coal gasifier – relationship between char formation and deposition characteristics[J]. Fuel, 2004, 83(7): 1009 – 1017.

[56] XU L, NAMKUNG H, KWON H, et al. Determination of fouling characteristics of various coals under gasification condition[J]. Journal of Industrial and Engineering Chemistry, 2009, 15(1): 98 – 102.

[57] TONMUKAYAKUL N, NGUYEN Q D. A new rheometer for direct measurement of the flow properties of coal ash at high temperatures[J]. Fuel, 2002, 81(4): 397 – 404.

[58] HOSSEINI S, GUPTA R. Inorganic matter behavior during coal gasification: effect of operating conditions and particle trajectory on ash deposition and slag formation[J]. Energy & Fuels, 2015, 29(3): 1503 – 1519.

[59] STICKLER D B, GANNON R E. Slag – coated wall structure technology for entrained flow gasifiers[J]. Fuel Processing Technology, 1983, 7(3): 225 – 238.

[60] KOYAMA S, MORIMOTO T, UEDA A, et al. A microscopic study of ash deposits in a two – stage entrained – bed coal gasifier[J]. Fuel, 1996, 75(4): 459 – 465.

[61] SCHOBERT H H, STREETER R C, DIEHL E K. Flow properties of low – rank coal ash slags: Implications for slagging gasification[J]. Fuel, 1985, 64(11): 1611 – 1617.

[62] LIM S, OH M. Prediction of coal slag foaming under gasification conditions by thermodynamic equilibrium calculations[J]. Korean Journal of Chemical Engineering, 2007, 24(5): 911 - 916.

[63] 孙立. 水冷壁气流床气化炉熔渣特性及火焰稳定性研究[D]. 上海: 华东理工大学, 2014.

[64] 贡文政, 段合龙, 梁钦锋, 等. 气流床气化炉水冷壁结渣特性的实验研究[J]. 煤炭转化, 2006, 19(4): 21 - 24, 28.

[65] TROIANO M, SALATINO P, SOLIMENE R, et al. Wall effects in entrained particle - laden flows: The role of particle stickiness on solid segregation and build - up of wall deposits[J]. Powder Technology, 2014, 266(6): 282 - 291.

[66] TROIANO M, CARBONE R, MONTAGNARO F, et al. A lab - scale cold flow model reactor to investigate near - wall particle segregation relevant to entrained - flow slagging coal gasifiers[J]. Fuel, 2014, 117(1): 1267 - 1273.

[67] 王剑. 气化炉渣口熔渣流动的实验及数值模拟研究[D]. 上海: 华东理工大学, 2013.

[68] WANG J, LIU H, LIANG Q, et al. Experimental and numerical study on slag deposition and growth at the slag tap hole region of Shell gasifier[J]. Fuel Processing Technology, 2013, 106: 704 - 711.

[69] 刘升. 气流床气化炉内熔渣流动、传热传质及相变行为的模拟研究[D]. 南京: 东南大学, 2010.

[70] 袁宏宇, 瞿海根, 任海平, 等. 气流床气化炉熔渣沉积模拟实验研究[J]. 华东理工大学学报(自然科学版), 2005, 31(3): 393 - 397.

[71] SONG W, TANG L, ZHU X, et al. Flow properties and rheology of slag from coal gasification [J]. Fuel, 2010, 89(7): 1709 - 1715.

[72] SEGGIANI M. Modelling and simulation of time varying slag flow in a prenflo entrained - flow gasifier[J]. Fuel, 1998, 77(14): 1611 - 1621.

[73] YONG S Z, GHONIEM A. Modeling the slag layer in solid fuel gasification and combustion - two - way coupling with CFD[J]. Fuel, 2012, 97: 457 - 466.

[74] YONG S Z, GAZZINO M, GHONIEM A. Modeling the slag layer in solid fuel gasification and combustion - formulation and sensitivity analysis[J]. Fuel, 2012, 92(1): 162 - 170.

[75] BHUIYAN A A, NASER J. Modeling of slagging in industrial furnace: a comprehensive review [J]. Procedia Engineering, 2015, 105: 512 - 519.

[76] 周俊虎, 匡建平, 周志军, 等. 粉煤气化炉喷嘴受热分析和渣层模型的数值模拟[J]. 中国电机工程学报, 2007, 27(26): 23 - 29.

[77] WANG X H, ZHAO D, Jiang L, et al. The deposition and burning characteristics during slagging co - firing coal and wood: modeling and numerical simulation[J]. Combustion Science and Technology, 2009, 181(5): 710 - 728.

[78] YONG S Z. Multiphase models of slag layer built - up in solid fuel gasification and combustion

[D]. Massachusetts institute of technology, 2010.

[79] YE I, RYU C, KOO J H. Influence of critical viscosity and its temperature on the slag behavior on the wall of an entrained coal gasifier[J]. Applied Thermal Engineering, 2015, 87: 175 – 184.

[80] YE I, RYU C. Numerical modeling of slag flow and heat transfer on the wall of an entrained coal gasifier[J]. Fuel, 2015, 150: 64 – 74.

[81] HIRT C W, NICHOLS B D. Volume of fluid( VOF) method for the dynamics of free boundaries [J]. Journal of Computational Physics, 1981, 39(1): 201 – 225.

[82] UBBINK O, ISSA R I. A method for capturing sharp fluid interfaces on arbitrary meshes[J]. Journal of Computational Physics, 1999, 153(1): 26 – 50.

[83] ASHGRIZ N, POO J Y. FLAIR: Flux line – segment model for advection and interface reconstruction[J]. Journal of Computational Physics, 1991, 93(2): 449 – 468.

[84] YOUNGS D L. Time – dependent multi – material flow with large fluid distortion[M]. 1982.

[85] LIU S, HAO Y. Numerical study on slag flow in an entrained – flow gasifier[C]//American Society of Mechanical Engineers, 2007: 43310.

[86] NI J J, YU G, GUO Q, et al. Submodel for predicting slag deposition formation in slagging gasification systems[J]. Energy & Fuels, 2011, 25(3): 1004 – 1009.

[87] CHEN L, YONG S Z, GHONIEM A F. Modeling the slag behavior in three dimensional CFD simulation of a vertically – oriented oxy – coal combustor[J]. Fuel Processing Technology, 2013, 112: 106 – 117.

[88] ZHENG S, ZENG X W, QI C B, et al. Modeling of ash deposition in a pulverized – coal boiler by direct simulation Monte Carlo method[J]. Fuel, 2016, 184: 604 – 612.

[89] PAPAVERGOS P, HEDLEY A. Particle deposition behaviour from turbulent flows[J]. Chemical engineering research & design, 1984, 62(5): 275 – 295.

[90] SRINIVASACHAR S, HELBLE J, BONI A. Mineral behavior during coal combustion: 1. Pyrite transformations[J]. Progress in Energy and Combustion Science, 1990, 16(4): 281 – 292.

[91] SRINIVASACHAR S, HELBLE J J, BONI A A, et al. Mineral behavior during coal combustion: 2. Illite transformations[J]. Progress in Energy and Combustion Science, 1990, 16(4): 293 – 302.

[92] BAXTER L L, DESOLLAR R W. A mechanistic description of ash deposition during pulverized coal combustion: predictions compared with observations[J]. Fuel, 1993, 72(10): 1411 – 1418.

[93] FRIEDLANDER S K, JOHNSTONE H F. Deposition of suspended particles from turbulent gas streams[J]. Industrial and Engineering Chemistry Fundamentals, 1957, 49(7): 1151 – 1156.

[94] DAVIES C N. Aerosol science[M]. Academic Press, 1966.

[95] WOOD N B. Mass transfer of particles and acid vapor to cooled surfaces[J]. Journal of the Institute of Energy, 1982, 419(54): 76 – 93.

[96] FAN F G, AHMADI G. A sublayer model for wall deposition of ellipsoidal particles in turbulent

streams[J]. Journal of Aerosol Science, 1995, 26(5): 813 – 840.

[97]GUHA A. A unified Eulerian theory of turbulent deposition to smooth and rough surfaces[J]. Journal of Aerosol Science, 1997, 28(8): 1517 – 1537.

[98]HUTCHINSON P, HEWITT G F, DUKLER A E. Deposition of liquid or solid dispersions from turbulent gas streams: a stochastic model[J]. Chemical Engineering Science, 1971, 26(3): 419 – 439.

[99]CLEAVER J W, YATES B. A sub layer model for the deposition of particles from a turbulent flow [J]. Chemical Engineering Science, 1975, 30(8): 983 – 992.

[100]MONTAGNARO F, SALATINO P. Analysis of char – slag interaction and near – wall particle segregation in entrained – flow gasification of coal[J]. Combustion and Flame, 2010, 157(5): 874 – 883.

[101]WALSH P M, SAYRE A N, LOEHDEN D O, et al. Deposition of bituminous coal ash on an i-solated heat exchanger tube: effects of coal properties on deposit growth[J]. Progress in Energy and Combustion Science, 1990, 16(4): 327 – 345.

[102]SHIMIZU T, TOMINAGA H. A model of char capture by molten slag surface under high – temperature gasification conditions[J]. Fuel, 2006, 85(2): 170 – 178.

[103]MAO T, KUHN D, TRAN H. Spread and rebound of liquid droplets upon impact on flat surfaces[J]. AIChE Journal, 1997, 43(9): 2169 – 2179.

[104]CHEN L. Computational fluid dynamics simulations of oxy – coal combustion for carbon capture at atmospheric and elevated pressures[D]. Massachusetts Institute of Technology, 2013.

[105]CHEN L, GHONIEM A F. Development of a three – dimensional computational slag flow model for coal combustion and gasification[J]. Fuel, 2013, 113: 357 – 366.

[106]RICHARDS G H, SLATER P N, HARB J N. Simulation of ash deposit growth in a pulverized coal – fired pilot scale reactor[J]. Energy & Fuels, 1993, 7(6): 774 – 781.

[107]FAN J R, ZHA X D, SUN P, et al. Simulation of ash deposit in a pulverized coal – fired boiler [J]. Fuel, 2001, 80(5): 645 – 654.

[108]WALSH P M, SAROFIM A F, BEER J M. Fouling of convection heat exchangers by lignitic coal ash[J]. Energy & Fuels, 1992, 6(6): 709 – 715.

[109]LEE B E, FLETCHER C A, SHIN S H, et al. Computational study of fouling deposit due to surface – coated particles in coal – fired power utility boilers[J]. Fuel, 2002, 81(15): 2001 – 2008.

[110]LI S, WU Y, WHITTY K J. Ash deposition behavior during char – slag transition under simulated gasification conditions[J]. Energy & Fuels, 2010, 24(3): 1868 – 1876.

[111]LI S, WHITTY K J. Physical phenomena of char – slag transition in pulverized coal gasification [J]. Fuel Processing Technology, 2012, 95: 127 – 136.

[112]BI D, GUAN Q, XUAN W, et al. Combined slag flow model for entrained flow gasification

[J]. Fuel, 2015, 150：565 – 572.

[113] 倪建军. 气流床气化炉及其辐射废锅内的多相流动、传热与熔渣行为研究[D]. 上海：华东理工大学, 2011.

[114] LI B, BRINK A, HUPA M. Simplified model for determining local heat flux boundary conditions for slagging wall[J]. Energy & Fuels, 2009, 23：3418 – 3422.

[115] LI X B, YU G S, DAI Z H, et al. Numerical simulation of molten slag deposition in radiant syngas cooler with a CFD – based model[J]. Journal of Chemical Engineering of Japan, 2016, 49(2)：69 – 78.

[116] XU J, LIANG Q, DAI Z, et al. Comprehensive model with time limited wall reaction for entrained flow gasifier[J]. Fuel, 2016, 184：118 – 127.

[117] 毕大鹏, 赵勇, 管清亮, 等. 水冷壁气化炉内熔渣流动特性模型[J]. 化工学报, 2015, 66(3)：888 – 895.

[118] HANSON S P, ABBOTT M F. Furnace water – wall slag deposition testing in a 0.5MW combustion pilot plant[J]. Progress in Energy and Combustion Science, 1998, 24(6)：503 – 511.

[119] 徐明厚, 郑楚光. 煤灰沉积的传热过程模型及其数值研究[J]. 工程热物理学报, 2002, 23(1)：115 – 118.

[120] NODA R, NARUSE I, OHTAKE K. Fundamentals on combustion and gasification behavior of coal particle trapped on molten slag layer[J]. Journal of Chemical Engineering of Japan, 1996, 29(2)：235 – 241.

[121] JOHNSON K, KENDALL K, ROBERTS A. Surface energy and the contact of elastic solids[J]. Proceedings of the Royal Society of London A Mathematical and Physical Sciences, 1971, 324 (1558)：301 – 313.

[122] MAUGIS D, POLLOCK H M. Surface forces, deformation and adherence at metal microcontacts [J]. Acta Metallurgica, 1984, 32(9)：1323 – 1334.

[123] BHATIA S, PERLMUTTER D. A random pore model for fluid – solid reactions：Ⅰ. Isothermal, kinetic control[J]. AIChE Journal, 1980, 26(3)：379 – 386.

[124] SHEN Z J, LIANG Q F, XU J L, et al. In situ experimental study on the combustion characteristics of captured chars on the molten slag surface[J]. Combustion and Flame, 2016, 166：333 – 342.

[125] SHEN Z J, LIANG Q F, XU J L, et al. In – situ experimental study of $CO_2$ gasification of char particles on molten slag surface[J]. Fuel, 2015, 7(19)：1445 – 1453.

[126] LIU S, HAO Y. A critical review of slag properties of chinese coals for entrained flow coal gasifier[C]//Seattle, Washington, 2007：43307.

[127] LEE C M, DAVIS K A, HEAP M P, et al. Modeling the vaporization of ash constituents in a coal – fired boiler[J]. Proceedings of the Combustion Institute, 2000, 28(2)：2375 – 2382.

[128] MILLS K C, RHINE J M. The measurement and estimation of the physical properties of slags formed during coal gasification: 1. properties relevant to fluid flow[J]. Fuel, 1989, 68(2): 193 – 200.

[129] VARGAS S, FRANDSEN F J, DAM – JOHANSEN K. Rheological properties of high – temperature melts of coal ashes and other silicates[J]. Progress in Energy and Combustion Science, 2001, 27(3): 237 – 429.

[130] URBAIN G, BOTTINGA Y, RICHET P. Viscosity of liquid silica, silicates and alumino – silicates[J]. Geochimica et Cosmochimica Acta, 1982, 46(6): 1061 – 1072.

[131] SPLIETHOFF H, GREUL U, RÜDIGER H, et al. Basic effects on $NO_x$ emissions in air staging and reburning at a bench – scale test facility[J]. Fuel, 1996, 75(5): 560 – 564.

[132] FEI J, SUN R, YU L, et al. NO emission characteristics of low – rank pulverized bituminous coal in the primary combustion zone of a drop – tube furnace[J]. Energy & Fuels, 2010, 24 (6): 3471 – 3478.

[133] SIRISOMBOON K, CHARERNPORN P. Effects of air staging on emission characteristics in a conical fluidized – bed combustor firing with sunflower shells[J]. Journal of the Energy Institute, 2017, 90(2): 316 – 323.

[134] TANIGUCHI M, KAMIKAWA Y, OKAZAKI T, et al. A role of hydrocarbon reaction for $NO_x$ formation and reduction in fuel – rich pulverized coal combustion[J]. Combustion & Flame, 2010, 157(8): 1456 – 1466.

[135] ZHANG W, LI Y, MA X, et al. Simultaneous $NO/CO_2$ removal performance of biochar/limestone in calcium looping process[J]. Fuel, 2020, 262: 116428.

[136] ZHAO Y, FENG D, LI B, et al. Effects of flue gases($CO/CO_2/SO_2/H_2O/O_2$)on NO – Char interaction at high temperatures[J]. Energy, 2019, 174: 519 – 525.

[137] ZHA Q, BU Y, WANG C A, et al. Evaluation of anthracite combustion and $NO_x$ emissions under oxygen – staging, high – temperature conditions[J]. Applied Thermal Engineering, 2016, 109: 751 – 760.

[138] ZHU T, HU Y, TANG C, et al. Experimental study on $NO_x$ formation and burnout characteristics of pulverized coal in oxygen enriched and deep – staging combustion[J]. Fuel, 2020, 272.

[139] TANIGUCHI M, KAMIKAWA Y, TATSUMI T, et al. Staged combustion properties for pulverized coals at high temperature[J]. Combustion & Flame, 2011, 158(11): 2261 – 2271.

[140] BAI W, LI H, DENG L, et al. Air – staged combustion characteristics of pulverized coal under high temperature and strong reducing atmosphere conditions[J]. Energy & Fuels, 2014, 28 (3): 1820 – 1828.

[141] JONES J M, POURKASHANIAN M, WALDRON D J, et al. Prediction of $NO_x$ and unburned carbon in ash in highly staged pulverised coal furnace using overfire air[J]. Journal of the Ener-

gy Institute, 2010, 83(3): 144 - 150.

[142]ZHU S, LYU Q, ZHU J. Experimental investigation of NO$_x$ emissions during pulverized char combustion in oxygen - enriched air preheated with a circulating fluidized bed[J]. Journal of the Energy Institute, 2019, 92(5): 1388 - 1398.

[143]SONG G, YANG X, YANG Z, et al. Experimental study on ultra - low initial NO$_x$ emission characteristics of Shenmu coal and char in a high temperature CFB with post - combustion[J]. Journal of the Energy Institute, 2021, 94: 310 - 318.

[144]ZHU T, TANG C, NING X, et al. Experimental study on NO$_x$ emission characteristics of Zhundong coal in cyclone furnace[J]. Fuel, 2022, 311.

[145]Watt J D, Fereday F. The flow properties of slags formed from the ashes of British coals: Part I: Viscosity of homogeneous liquid slags in relation to slag composition[J]. Journal of the Institude of Fuel: 1969, 42: 99 - 103.

[146]PATANKAR S V, SPALDING D B. A finite - difference procedure for solving the equations of the two - dimensional boundary layer[J]. Heat and Mass Transfer, 1967, 10(10): 1389 - 1411.

[147]LAUNDER B E, SPALDING D B. Lectures in mathematical models of turbulence[J]. Von Karman Institute for Fluid Dynamics, 1972.

[148]SUN G, CHE D, CHI Z. Effects of secondary air on flow, combustion, and NO$_x$ emission from a novel pulverized coal burner for industrial boilers[J]. Energy & Fuels, 2012, 26(11): 6640 - 6650.

[149]张经武, 还博文, 赵仲琥. 旋风炉及其灰渣综合利用[M]. 北京: 水利电力出版社, 1979.

[150]LI X, LI G, CAO Z, et al. Research on flow characteristics of slag film in a slag tapping gasifier[J]. Energy & Fuels, 2010, 24: 5109 - 5115.

[151]SHANNON G, ROZELLE P, PISUPATI S V, et al. Conditions for entrainment into a FeO$_x$ containing slag for a carbon - containing particle in an entrained coal gasifier[J]. Fuel Processing Technology, 2008, 89(12): 1379 - 1385.

[152]MILLS K C, RHINE J M. The measurement and estimation of the physical properties of slags formed during coal gasification: 2. properties relevant to heat transfer[J]. Fuel, 1989, 68(7): 904 - 910.

[153]KUROWSKI M P, SPLIETHOFF H. Deposition and slagging in an entrained - flow gasifier with focus on heat transfer, reactor design and flow dynamics with SPH[J]. Fuel Processing Technology, 2016, 152: 147 - 155.

[154]付子文, 王长安, 车得福, 等. 成灰温度对准东煤灰理化特性影响的实验研究[J]. 工程热物理学报, 2014, 35(3): 609 - 613.

[155]PATTERSON J, HURST H. Ash and slag qualities of Australian bituminous coals for use in slagging gasifiers[J]. Fuel, 2000, 79(13): 1671 - 1678.

[156]程翼. 助熔剂对淮南矿区煤灰熔融特性及粘温特性的影响[D]. 淮南：安徽理工大学，2006.

[157]张海军. 热电厂旋风炉用磷酸盐结合高铝浇注料的研制及应用[J]. 唐山学院学报，2004，17(3)：103-104.

[158]张守杰，刘兴元，刘晓波，等. 复合增钙液态渣粉改善水工混凝土性能研究[J]. 黑龙江大学工程学报，2007(4)：13-15.

[159]徐奇焕. 用增钙灰渣制彩色地面砖[J]. 粉煤灰综合利用，2002(3)：43.

[160]林伦，于新文，高育海. 增钙灰对增钙灰—水泥混凝土体积安定性的影响[J]. 天津城建大学学报，2003，9(1)：35-37.

[161]MUNIR S, NIMMO W, GIBBS B M. The effect of air staged, co-combustion of pulverised coal and biomass blends on NO$_x$ emissions and combustion efficiency[J]. Fuel, 2011, 90(1)：126-135.

[162]YANG X, LUO Z, LIU X, et al. Experimental and numerical investigation of the combustion characteristics and NO emission behaviour during the co-combustion of biomass and coal[J]. Fuel, 2021, 287：119383.

[163]SAASTAMOINEN H, LEINO T. Fuel staging and air staging to reduce nitrogen emission in the CFB combustion of bark and coal[J]. Energy & Fuels, 2019, 33(6)：5732-5739.

[164]SATHITRUANGSAK P, MADHIYANON T. Effect of operating conditions on the combustion characteristics of coal, rice husk, and co-firing of coal and rice husk in a circulating fluidized bed combustor[J]. Energy & Fuels, 2017, 31(11)：12741-12755.

[165]ROKNI E, REN X, PANAHI A, et al. Emissions of SO$_2$, NO$_x$, CO$_2$, and HCl from Co-firing of coals with raw and torrefied biomass fuels[J]. Fuel, 2018, 211：363-374.

[166]WANG X, XU Z, WEI B, et al. The ash deposition mechanism in boilers burning Zhundong coal with high contents of sodium and calcium：A study from ash evaporating to condensing[J]. Applied Thermal Engineering, 2015, 80：150-159.

[167]HAO Z, ZHOU B, LI L, et al. Experimental measurement of the effective thermal conductivity of ash deposit for high sodium coal(Zhun Dong Coal)in a 300 kW test furnace[J]. Energy & Fuels, 2013, 27(11)：7008-7022.

[168]XU J, YU D, FAN B, et al. Characterization of ash particles from co-combustion with a Zhundong Coal for understanding ash deposition behavior[J]. Energy & Fuels, 2013, 28(1)：678-684.

[169]中华人民共和国科学技术部. 国家科技支撑计划2015年度项目申报指南. 2014.